舒适编织

顶级设计师的 50 款时尚单品

［美］塔尼斯·格蕾◎著　　卢　伟◎译

U0213183

河北科学技术出版社

Copyright © Tanis Gray, FW MEDIA 2013

Photography © 2013 Joe Hancock

Illustratuin © 2013 Interweave

All rights reserved.

本书由中华版权代理中心代理授权北京书中缘图书有限公司出品并由河北科学技术出版社在中国范围内独家出版本书中文简体字版本。

著作权合同登记号：冀图登字 03-2015-006

版权所有·翻印必究

图书在版编目（CIP）数据

　　舒适编织：顶级设计师的 50 款时尚单品 /（美）格蕾著；卢伟译 . —— 石家庄：河北科学技术出版社，2015.9

　　书名原文：COZY KNITS

　　ISBN 978-7-5375-7992-6

　　Ⅰ . ①舒… Ⅱ . ①格… ②卢… Ⅲ . ①手工编织 – 图集 Ⅳ . ① TS935.5-64

　　中国版本图书馆 CIP 数据核字 (2015) 第 207547 号

舒适编织：顶级设计师的 50 款时尚单品

［美］塔尼斯·格蕾　著　　卢　伟　译

策划制作：北京书锦缘咨询有限公司（www.booklink.com.cn）

总 策 划：陈　庆

策　　划：陈　辉

责任编辑：杜小莉

设计制作：柯秀翠

出版发行　河北科学技术出版社

地　　址　石家庄市友谊北大街 330 号（邮编：050061）

印　　刷　北京美图印务有限公司

经　　销　全国新华书店

成品尺寸　210mm×200mm

印　　张　8

字　　数　100 千字

版　　次　2015 年 10 月第 1 版

　　　　　2015 年 10 月第 1 次印刷

定　　价　48.00 元

目录

5   前言

7   贴心的帽子

31   温暖美丽的手套

53   可爱的围脖和围巾

87   舒适的毛衣、披肩和开衫

121   易做又美观的礼物

154   术语表

前言

　　我喜欢挑战各种不同的设计、错综复杂的花样以及精巧的构思，我热衷那些制做简单、有趣的编织方法和看起来同样有趣的穿着。我接触了一些我非常喜欢的设计师，把她们那些能很快完成而又舒适的作品收集在一起。她们的设计完全超越了我的期望，我相信你们会跟我有一样的感觉。

　　本书作品的线材均选自喀斯喀特公司（Cascade）的太平洋系列：太平洋、太平洋多股纱、太平洋粗纱和太平洋多股粗纱。这个系列的线材用途广泛，实用性很强，手感柔软而且色彩丰富，是该公司的主打产品，可以机洗、烘干。这些超级水洗美利奴羊毛纱线可以满足整个家庭的需要。当然，这些线材并不适用于所有人，您也可以使用自己熟悉和喜爱的线材。

　　在这50款作品当中，你可以找到众多手套、帽子和其他配饰；美轮美奂的毛衣、围巾、披肩和围脖；色彩丰富的家居饰品，你能为所有的朋友找到合适的款式，包括许多挑衣服的小朋友。

　　本书覆盖了全部的编织技巧。你从一开始就会发现，有很多作品拿起针立马就可以开始编织。在你寻求如何完善自己的针法水平的同时，将学习到很多不同的新技巧。通过编织菲娜·戈比斯坦的拉韦纳无檐帽或者玛丽·简·马克斯坦设计的费尔岛图案合指手套，你能成为滑针配色编织方面的专家。还可以学习来自南希·马钱特和黛比·奥莉尔的编织技巧，或者是让你的脚穿上琳恩·威尔逊设计的棱纹短袜。通过本书，你的编织兴趣和技术水平都将得到大幅的提高。

　　所以，找一处舒适的地方，拿起你的棒针，开始编织"舒适编织"里的时尚物品吧！

贴心的帽子

在任何场合都能温暖你的头部。
你可以把它当做礼物或者戴上成为冬日的亮点？
编织本章的这些色彩缤纷的美丽帽子，将会让你更优雅舒适。

汇雨成溪

麻花花样和蕾丝花样搭配的无檐帽

设计师：菲娜·戈比斯坦

这是一款不拘一格，由麻花花样和蕾丝雨滴花型混合编织的可爱无檐帽。

12针的麻花花样蜿蜒到帽顶，再通过巧妙地减针来完成。

成品尺寸

围着罗纹边的周长是 46.5（51）cm。
样品展示的尺寸是 51cm。

线材

精纺纱线（4 号中粗纱线）。

样品： 选用的是喀斯喀特纱线公司生产的太平洋线（40%的美利奴羊毛，60%丙烯酸；195m/100g）：08号薄荷色1绞。

用针

帽檐部分： 美制 6 号（4mm）：40cm长的环针和 5 根组的双头棒针。

边缘部分： 美制 4 号（3.5mm）：40cm长的环针。

为使织物达到标准密度，可以适当调整用针。

其他工具

记号针、麻花针、毛线缝针。

密度

4mm 棒针编织麻花花样的密度 10cm^2 = 29.5 针 ×34 行。

4mm 棒针编织小叶子花样（图 B）的密度 10cm^2=26 针 ×40 行。

针法说明

3/3 LC（3针和3针的左交叉针）： 滑3针到麻花针，放置到织物的前面，织3针下针，再在麻花针上织3针下针。

3/3 RC（3针和3针的右交叉针）： 滑3针到麻花针，放置到织物的后面，织3针下针，再在麻花针上织3针下针。

麻花花样（12的倍数针）

第1、2圈： 全部下针编织。

第3圈： *3针和3针的左交叉针，6针下针；重复*之后的织法到一圈结束。

第4~6圈： 全部下针编织。

第7圈： *6针下针，3针和3针的右交叉针；重复*之后的织法到一圈结束。

第8圈： 全部下针编织。

重复第1~8圈的织法。

单罗纹针（偶数针）

第1圈： *1针下针，1针上针；重复*之后的织法到一圈结束。

重复第1圈的织法。

无檐帽的编织

帽子花边的编织

用3.5mm环针，长尾起针法起头，起132（144）针。在圈的开始位置放入记号针，准备开始环形编织，注意编织的时候不要织拧了。

编织6行的单罗纹针。

帽子主体部分的编织

换4mm棒针。

注意： 在每个12针麻花花样之后加入记号针，做好标记，以确保减针时的轨迹不会出错。

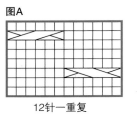

图A

12针一重复

编织麻花花样（图A），直到帽子的尺寸大约距离开始位置12.5（14）cm，结束在花样的第2圈或者第5圈。

编织小叶子花样的第1~10圈（图B的第1~10圈花样），针数的变化是从6的倍数增加到10的倍数，然后再减少到6的倍数。

第1圈： *5针上针，在下1针里织［（1针下针，空加针）2次，1针下针］；然后重复*之后的织法到一圈结束——220（240）针。

第2~4圈： *5针上针，5针下针；重复*之后的织法到一圈结束。

第5圈： *5针上针，类似织下针3针并1针的方法滑3针合并针，下针2针并1针，跳过3个滑针；重复*之后的织法到一圈结束——余132（144）针。

第6圈： 全部上针编织。

第7圈： *2针上针，在下1针里织［（1针下针，空加针）2次，1针下针］，3针上针；然后重复*之后的织法到一圈结束——220（240）针。

第8~10圈： *2针上针，5针下针，3针上针；重复*之后的织法到一圈结束。

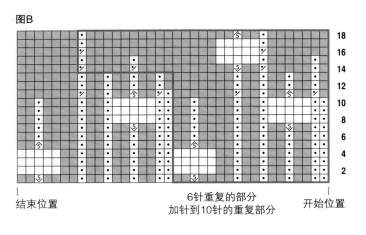

图B

结束位置　　　　　　6针重复的部分　　　开始位置
　　　　　　　　加针到10针的重复部分

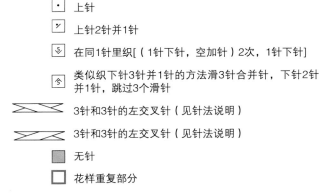

	下针
	上针
	上针2针并1针
	在同1针里织[（1针下针，空加针）2次，1针下针]
	类似织下针3针并1针的方法滑3合并针，下针2针并1针，跳过3个滑针
	3针和3针的左交叉针（见针法说明）
	3针和3针的左交叉针（见针法说明）
	无针
	花样重复部分

帽顶的减针

注意：在用环针编织到针上只余几针的时候，换成双头棒针编织。

第11圈（减针圈）：*上针2针并1针，类似织下针3针并1针的方法滑3针合并针，下针2针并1针，跳过3个滑针，1针上针，上针2针并1针；重复*之后的织法到一圈结束——88（96）针。

第12~13圈：全部上针编织。

第14圈（减针圈）：*1针上针，上针2针并1针，在下1针里织（[1针下针，空加针]2次，1针下针），拿掉记号环，上针2针并1针2次；重复*之后的织法到一圈结束——99（108）针。

第15圈：*2针上针，5针下针，2针上针；重复*之后的织法到一圈结束。

第16圈（减针圈）：*上针2针并1针，5针下针，上针2针并1针；重复*之后的织法到一圈结束——77（84针）。

第17圈：*1针上针，5针下针，1针上针；重复*之后的织法到一圈结束。

第18圈：*1针上针，类似织下针3针并1针的方法滑3针到右棒针，然后左棒针上接下来的2针织下针2针并1针，跳过3个滑针，1针上针；重复*之后的织法到一圈结束——余33（36）针。

第19~22圈：全部上针编织。

第23圈（减针圈）：*上针2针并1针；重复*之后的织法到最后1（0）针，1（0）针上针——余17（18）针。

留20.5cm的线头，然后断线。将线头穿过余下的针，拉紧线头收紧洞口，在反面固定。

收尾

编织部分完成。

设计师：凯茜·诺斯

咸味太妃糖
麻花帽

　　这款4根针的麻花帽是从底部开始向上转圈编织的，顶部装饰有一个粗粗的流苏。在麻花花样之间运用了大方的上针，可以确保有足够的拉伸，以适合更多人。

成品尺寸

帽围大约51cm（有轻微的弹性；帽子撑开后适合头围58.5cm的人），高19cm。

线材

精纺纱线（4号中粗纱线）。

样品：选用的是喀斯喀特纱线公司生产的太平洋线（40%的超级水洗美利奴羊毛，60%丙烯酸；195m/100g）：51号金银花的粉色1绞。

用针

美制8号（5mm）：40cm长的环针。

美制10.5号（6.5mm）：40cm长的环针和4根组的双头棒针。

为使织物达到标准密度，可以适当调整用针。

其他工具

麻花针、记号针、毛线缝针。

密度

2股线编织麻花花样的密度 $10cm^2$=16针×21行。

注意

这款帽子是用2股线一起环形编织的。

针法说明

2/2 RC（2针和2针的右交叉针）：滑2针到麻花针上，放在织物的后面，先织2针下针，再织麻花针上的2针下针。

麻花花样

第1~2圈：*2针上针，4针下针，2针上针；重复*之后的织法到一圈结束。

第3圈：*2针上针，2针和2针的右交叉针，2针上针；重复*之后的织法到一圈结束。

第4圈：*2针上针，4针下针，2针上针；重复*之后的织法到一圈结束。

重复第1~4圈的花样。

帽子的编织

用5mm环针和2股线，起80针。圈开始的位置放入记号环，然后准备环形编织，注意编织的时候不要织拧了。

第1~4圈：*2针上针，4针下针，2针上针；重复*到一圈结束。

换6.5mm的环针。

编织麻花花样直到织物尺寸距离开始位置大约15cm，结束在花样的第4圈。

帽顶的减针

在环针编织到针上只余下几针的时候，换成双头棒针编织。

第1圈（减针）：*上针2针并1针，4针下针，上针2针并1针；重复*之后的织法到一圈结束——余60针。

第2圈：*1针上针，4针下针，1针上针；重复*之后的织法到一圈结束。

第3圈：*1针上针，2针和2针的右交叉针，1针上针；重复*之后的织法到一圈结束。

第4圈：*1针上针，4针下针，1针上针；重复*之后的织法到最后6针，1针上针，4针下针，滑最后一针到右棒针，拿掉记号环，再将右棒针的最后一针滑回到左棒针，重新放入记号针做为新的编织起点。

第5圈（减针圈）：*上针2针并1针，下针2针并1针2次；重复*之后的织法到一圈结束——余30针。

第6圈：*1针上针，2针下针；重复*之后的织法到一圈结束。

第7圈（减针圈）：*上针2针并1针，1针下针；重复*之后的织法到一圈结束——余20针。

第8圈（减针圈）：*下针2针并1针；重复*之后的织法到一圈结束——余10针。

留30.5cm的线头，然后断线。将线头穿过余下的针，拉紧线头收紧洞口，在反面固定。

收尾

编织部分完成。

流苏

剪一块边长为18cm的正方形纸板。拿2股线一起，围着纸板绕10圈。再剪2根单独的线，一根40.5cm长，一根61cm长。从绕的线的下方穿短的一根线，绕住纸板末端的线并系紧，在相反一端剪断这根线。再用剩下的长的一根线，在距离系紧一端大约2.5cm的位置，绕着所有的线转几圈，系紧这根线，然后把线头穿过流苏的中心藏好。最后稍微整理下，把流苏固定到帽子的顶部。

闪闪的小星星
费尔岛图案的无檐帽

夜晚的蓝色天空中，闪烁着大大小小的白色星星。这并不是什么太复杂的事，但是编织不规则的费尔岛图案会让你以为是在用你的脚趾头在编织。

设计师：凯茜·梅里克

成品尺寸

帽围 53.5cm，高 19.5cm。

线材

精纺纱线（4 号中粗纱线）。

样品：选用的是喀斯喀特纱线公司生产的太平洋线（40% 的超级水洗美利奴羊毛，60% 丙烯酸；195m/100g）：47号海军蓝（主色）1 绞、2 号白色（配色）1 绞。

用针

美制 8 号（5mm）：40cm 长的环针和5 根组的双头棒针。

为使织物达到标准密度，可以适当地调整用针。

其他工具

记号针、毛线缝针。

密度

编织费尔岛图案花样的密度 $10cm^2$=18针 ×22 行。

无檐帽的编织

帽子边缘的编织

用5mm环针，一股主色线、一股配色线一起，起96针。圈的开始位置放入记号针，准备环形编织。注意编织的时候不要织拧了。

第1圈： *配色线织1针下针，主色线织1针上针；重复*之后的织法到一圈结束。

第2圈： *主色线织1针上针，配色线织1针下针；重复*之后的织法到一圈结束。

第3圈： 重复第一圈的织法。

编织图案花样的第1~24圈时，注意后面拉线不要太松。

帽顶减针

当环针编织到只余下几针的时候，换成双头棒针编织。

第25圈： 按照图案花样编织，*下针2针并1针，10针下针；重复*之后的织法到一圈结束——减了8针。

第26圈： *下针2针并1针，9针下针；重复*之后的织法到一圈结束——减了8针。

第27圈： *下针2针并1针，8针下针；重复*之后的织法到一圈结束——减了8针。

第28~35圈： 继续按照前面的方法减针，每组花样减1次——最后余8针。

留20.5cm的线头，然后断线。将线头穿过余下的针，拉紧线头收紧洞口，在反面固定。

收尾

编织完成后定型到成品尺寸。

配色图

主色线
配色线

钻石庆典
运用滑针编织的帽子

一款运用了滑针配色编织的，布满钻石图案的帽子。从底部向上转圈编织，花边是简单的1×1罗纹边。这款帽子看起来好像复杂，其实编织起来非常简单。

设计师：菲娜·戈比斯坦

成品尺寸

罗纹边缘部分帽围 44.5（48.5）cm。样品用的是 48.5cm 帽围的成品。

线材

精纺纱线（4 号中粗纱线）。

样品：选用的是喀斯喀特纱线公司生产的太平洋线（40% 的美利奴羊毛，60% 丙烯酸；195m/100g）：48 号黑色（A 色）1 绞、15 号浅灰褐色（B 色）1 绞。

用针

帽子主体：美制 6 号（4mm）：40cm 长的环针和 5 根组的双头棒针。

帽边：美制 4 号（3.5mm）：40cm 长的环针。

为使织物达到标准密度，可以适当地调整用针。

其他工具

记号针、毛线缝针。

密度

4mm 棒针编织马赛克针法的密度 $10cm^2$=27.5 针 ×46 圈。

针法说明

单罗纹针（偶数针）

第1圈：*1针下针，1针上针；重复*之后的针法到一圈结束。

重复第一圈的针法。

无檐帽的编织

帽子边缘的编织

用A色线和B色线一起，3.5mm环针，用长尾起头法（大拇指拿着A色线，食指拿着B色线），起120（130）针。圈的开始位置放入记号针，准备环形编织。注意编织的时候不要织拧了。

如下方法编织单罗纹：

B色线织3圈。

A色线织2圈。

B色线织3圈。

A色线织1圈。

B色线织1圈。

帽子主体的编织

换4mm的环针。

注意：滑针的线总是放在后面。

编织28行马赛克花样直到帽子尺寸18cm，结束在花样的第10圈。

帽顶的减针

注意：当环针编织到只余下几针的时候，换双头棒针来编织。

每10针一组的单元花后面放入记号针，以确保减针时的轨迹不会出错。

用B色线：

第1个减针圈：*下针2针并1针，滑1针，5针下针，滑1针，1针下针；重复*之后的织法到一圈结束——余108（117）针。

下一圈：*1针上针，滑1针，5针上针，滑1针，1针上针；重复*之后的织法到一圈结束。

用A色线：

第2个减针圈：*3针下针，（滑1针，1针下针）2次，下针2针并1针；重复*之后的织法到一圈结束——余96（104）针。

第3个减针圈：*上针2针并1针，（1针上针，滑1针）2次，2针上针；重复*之后的织法到一圈结束——余84（91）针。

用B色线：

第4个减针圈：*滑1针，下针2针并1针，滑1针，右下2针并1针，滑1针；重复*之后的织法到一圈结束——余60（65）针。

下一圈：*（滑1针，1针上针）2次，滑1针；重复*之后的织法到一圈结束。

用A色线：

下一圈：*（1针下针，滑1针）2次，1针下针；重复*之后的织法到一圈结束。

下一圈：*（1针上针，滑1针）2次，1针上针；重复*之后的织法到一圈结束。

用B色线：

第5个减针圈：*滑1针，（滑1针，下针2针并1针，再把滑的1针套过这针并针），滑1针；重复*之后的织法到一圈结束——余36（39）针。

下一圈：滑1针，1针上针，滑1针；重复*之后的织法到一圈结束。

用A色线：

下一圈：全部织下针。

用B色线：

下一圈：全部织上针。

重复最后2行的织法2次。

第6个减针圈：*下针2针并1针，1针下针；重复*之后的织法到一圈结束——余24（26）针。

第7个减针圈：*上针2针并1针；重复*之后的织法到一圈结束——余12（13）针。

下一圈：全部织下针。

留20.5cm的线头，然后断线。将线头穿过余下的针，拉紧线头收紧洞口，在反面固定。

收尾

编织部分结束。

马赛克花样图解

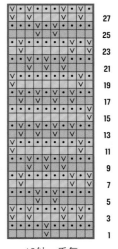

10针一重复

	A色线	·	上针
	B色线	V	挂线在织物的后面滑1针
	下针		花样重复部分

绿茵草地
螺旋形的无檐帽

这款螺旋形花样的帽子几乎都是运用包边的方法编织的。当中心形成一个圆后，围绕这个圆由上往下旋转编织，最后用简单的2针下针、2针上针的双罗纹针收尾。如果你是一个喜欢尝试不同编织方法的织女，那么它就是专为你而设计的。

设计师：琳达·麦蒂娜

成品尺寸

适合成熟女性。帽围 48.5cm，高 22cm。

线材

精纺纱线（4 号中粗纱线）。

样品： 选用的是喀斯喀特纱线公司生产的太平洋多股精纺纱线（40%的超级水洗美利奴羊毛，60%丙烯酸；195m/100g）：507号幸运草的绿色2绞。

用针

美制 7 号（4.5mm）：2 根组的双头棒针和 40cm 长的环针。

为使织物达到标准密度，可以适当地调整用针。

其他工具

记号针、可拆除的记号针、毛线缝针。

密度

包边花样的密度 $10cm^2$=24 针（加入环形编织后测量 6 针得出的密度）×30 行。

注意

这款帽子并不是常规的包边编织。它是由上往下、通过旋转编织形成螺旋的形状。因为针数的关系，包边编织会比一般环形编织显得更平整。从右侧的一端开始，沿着上一圈的外边缘挑针进行编织。之后编织的一圈和之前的一圈处于平行状态。

针法说明

右下2针并1针：类似织下针的入针方向滑1针，1针下针，跳过1个滑针。

包边编织：

用双头棒针，起指定的针数。全部织下针，然后*不翻面，将这些针滑到棒针的另一端，把线从后面拉过来，再照之前一样，全部织下针。重复*之后的织法到需要的长度即可。

无檐帽的编织

用双头棒针，起3针。

*织2行包边编织。

下一行（加针）：在同1针里织1针下针和1针扭针下针，2针下针——4针。重复*之后的织法一次——5针。

织10cm长的包边，然后在靠近棒针的位置，把包边打一个松松的结。再织2行包边，但是第2行结束后不要滑到棒针的另一端。

面对这个结，垂直地拿着，*在这个结的基础上，挑1针下针出来，然后再把这些针都滑到棒针的另一端——6针。

下一行：4针下针，右下2针并1针——5针。

不加不减再编织一行，完成后不要滑到棒针的另一端。围着这个结重复*之后的织法，每一行都要挑针。注意要在结上最开始挑针的位置加入可拆除的记号针，做好标记。重复这样的织法直到来到这个记号环位置为止。

帽顶部分的编织

*在围着结上挑针编织而成的一圈第1针的位置开始，挑1针下针，然后滑到棒针的另一端——6针。

下一行：4针下针，右下2针并1针——5针。

不加不减再编织一行，完成后不要滑到棒针的另一端*。重复*到*之间的织法，这一圈的每一行都要挑针；同时注意一圈完成后，要移动记号环到这一圈的结束位置，直到尺寸7.5cm。

**跳过下一行，在新一圈开始的下一行第1针位置上挑1针下针，然后滑到棒针的另一端——6针。

下一行：4针下针，右下2针并1针，再在这一圈的下一行挑1针下针，然后滑到棒针的另一端——6针。

下一行：4针下针，右下2针并1针——5针。

不加不减再编织一行，完成后不要滑到棒针的另一端**。

重复**到**之间的编织方法，直到尺寸15cm。

侧面的编织

第1圈：在上一圈第二行第1针的位置挑针，重复*到*之间的织法，隔行挑针。

第2圈：在上一圈第一行的第1针的位置挑针，重复*到*之间的织法，隔行挑针。

第3~6圈：重复第1圈、第2圈的织法2次。

再重复第2圈的织法6次；此时帽子距顶部结位置大约19cm。

第13圈：重复第2圈的织法到记号针前的8行位置。

下一行（减针行）：跳过一行，在上一圈下一行第1针的位置挑1针下针，滑到棒针的另一端，下针2针并1针，2针下针，右下2针并1针——4针。

不加不减再织一行，完成后不要滑到棒针的另一端。

下一行（减针行）：跳过下一行，在上一圈下一行第1针的位置挑1针下针，滑到棒针的另一端，下针2针并1针，1针下针，右下2针并1针——3针。

不加不减再编织一行，完成后不要滑到棒针的另一端。

下一行（减针行）：跳过下一行，在上一圈下一行第1针的位置挑1针下针，滑到棒针的另一端，下针2针并1针，右下2针并1针——2针。

不加不减再编织一行，完成后不要滑到棒针的另一端。

下一行（减针行）：跳过下一行，在上一圈下一行第1针的位置挑1针下针，滑到棒针的另一端，中下3针并1针——余1针。不要断线。

罗纹

把余下的针放置到环针上，面对织物的正面，沿着帽子底部边缘挑103针下针——104针。放入记号针，准备开始环形编织。

第1圈：*2针下针，2针上针；重复*之后的织法到一圈结束。

重复第1圈的织法6次。

平收所有的针。

收尾

编织完成。

银盘
龙鳞花纹的钟形女帽

这款龙鳞花样的钟形女帽，由交错的蕾丝和麻花花样组合而成，从下往上环形编织而成，宛如童话故事里的精灵。上下针的花边起到一定伸缩性，能保持温度和通风性。

设计师：罗宾·梅兰森

成品尺寸

帽围 49.5cm，从前面量帽深 22cm。

线材

精纺纱线（4 号中粗纱线）。

样品：选用的是喀斯喀特纱线公司生产的太平洋线（40% 的超级水洗美利奴羊毛，60% 丙烯酸；195m/100g）：24号银灰色 1 绞。

用针

美制 7 号（4.5mm）：40cm 长的环针和 5 根的双头棒针。

为使织物达到标准密度，可以适当地调整用针。

其他工具

记号针、麻花针、毛线缝针。

密度

编织龙鳞花样（见花样图解）的密度 10cm²=21 针 ×30 行。

注意

引返编织的痕迹不需要刻意地去隐藏，因为上下针的特点可以很自然地掩盖痕迹。

针法说明

2/2 LC（2针和2针的左交叉针）：滑2针到麻花针上，放在织物的前面，在织2针下针，再在麻花针上织2针织下针。

上下针（环形编织）
第1圈：全部织上针。
第2圈：全部织下针。
重复第1、2圈的织法。

钟形女帽的编织

用环针起102针。圈开始的位置放入记号针，准备环形编织。注意编织的时候不要织拧了。圈开始的位置是在帽子后部的中心位置。

编织7行上下针，在上针的一圈结束——有4条隆起线。

侧面的引返编织

引返编第1行（正面）：下针编织到余10针位置，挂线，翻面。

引返编第2行（反面）：下针编织到余10针位置，挂线，翻面。

引返编第3行（正面）：下针编织到距上次引返位置前10针，挂线，翻面。

引返编第4行（反面）：下针编织到距上次引返位置前10针，挂线，翻面。

下一圈（正面）：下针织到结束，不要翻面。

下一圈：上针编织到最后2针，滑这2针到右棒针上，取掉记号针，再把2针滑回到左棒针，加入记号针，做为新一圈开始的位置。

按照花样图解编织第1~12圈3次；此时距上下针顶部的尺寸大约是12.5cm。

帽顶的减针

按照花样图解编织第13~21圈1次，当减针减到环针上只有很少针的时候，换成双头棒针编织——42针。

下一圈（减针圈）：滑1针，*下针2针并1针，空加针，下针3针并1针，空加针，下针2针并1针；重复*之后的织法到最后6针，下针2针并1针，空加针，下针3针并1针，空加针，下针2针并1针（最后1针需要借用这一圈最开始的第1针）——30针。

下一圈（减针圈）：重复织下针2针并1针到最后——15针。

留20.5cm的线头，然后断线。将线头穿过余下的针，拉紧线头收紧洞口，在反面固定。

收尾

编织完成后定型到成品尺寸。

	图例
□	下针
○	空加针
＼	右下2针并1针
／	下针2针并1针
⩘	下针3针并1针
⩗	右下3针并1针
▧	无针
⤫	2针和2针的左交叉针（见针法说明）
□	花样重复部分

龙鳞花样图解

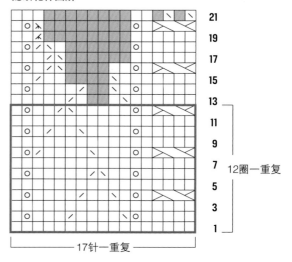

17针一重复

12圈一重复

21 19 17 15 13 11 9 7 5 3 1

情侣圆帽
麻花宽边无沿圆帽和无檐帽

两个总比一个更好。这款帽子的第一步是先要编织一条麻花花样的长条镶边，缝合两端，然后横向翻转，再沿着边缘挑针，之后全部织下针做为帽子的主体。来为你亲爱的或者你自己编织一顶吧！

设计师：希拉里·史密斯·卡里斯

成品尺寸

宽边无沿圆帽的帽围 43（48.5）cm，适合于头围 51（58.5）cm；高 21（23）cm。样品展示的是 43cm 尺寸的帽子。

无檐帽的帽围 43（48.5）cm，适合于头围 51（58.5）cm；高 18.5（20.5）cm。样品展示的是 48.5cm 尺寸的帽子。

线材

精纺纱线（4 号中粗纱线）。

样品： 选用的是喀斯喀特纱线公司生产的太平洋线（40% 的超级水洗美利奴羊毛，60% 丙 烯 酸；195m/100g）：10 号橄榄绿，每顶帽子或者每个尺码用线 1 绞。

用针

美制 7 号（4.5mm）：40cm 长的环针和 4 根组的双头棒针。

为使织物达到标准密度，可以适当地调整用针。

其他工具

记号针、麻花针、毛线缝针。

密度

编织全平针的密度 $10cm^2$=18 针 ×23 行。

注意

两款帽子的制作方法在一起，无檐帽的说明在括号 [] 内。如果没有括号，或者没有特别说明，两款帽子的织法是相同的。

针法说明

2/2 LC（2针和2针的左交叉针）：滑2针到麻花针上，放在织物的前面，织2针下针，再在麻花针上织2针下针。

2/2 RC（2针和2针的右交叉针）：滑2针到麻花针上，放在织物的后面，织2针下针，再在麻花针上织2针下针。

宽边无沿圆帽和无檐帽的编织说明

花边

用环针或者2根双头棒针，起16针。

第1行和所有的反面行： 3针上针，2针下针，8针上针，2针下针，1针上针。

第2行（正面）： 1针下针，2针上针，2针和2针的右交叉针，2针和2针的左交叉针，2针上针，3针下针。

第4、6、10和12行： 1针下针，2针上针，8针下针，2针上针，3针下针。

第8行： 1针下针，2针上针，2针和2针的左交叉针，2针和2针的右交叉针，2针上针，3针下针。

重复第1~12行的织法6（7）次，然后重复第1~10行的织法1次，此时帽子尺寸大约是43（48.5）cm。

平收全部的针。

留大约麻花条宽度3倍长的线头，断线。两端一起缝合，注意别弄拧了。

用环针，面对织物正面，从接缝位置开始，沿着麻花条一侧"1针下针"的边缘挑94

（106）[81（90）]针。在一圈开始的位置放入记号环，开始环形编织。

仅限宽边无沿帽

下一圈（加针圈）： *5（7）针下针，加1针；重复*之后的织法13（9）次，**6针下针，加1针；重复**之后的织法3（5）次——112（122）针。

不加不减织全平针，直到帽子距底部边缘尺寸大约15（18）cm。

下一圈（减针圈）： 织全平针，同时均匀的减掉0（2）针——112（120）针。

仅限无檐帽

不加不减织全平针，直到帽子距离底部边缘尺寸大约13.5（14.5）cm。

下一圈（减针圈）： 织全平针，同时均匀地减掉1（2）针——80（88）针。

帽顶的编织

第1圈： *12（13）[8，9]针下针，下针2针并1针；重复*之后的织法到一圈结束——减掉了8针。

第2圈： 全部织下针。

第3圈： *11（12）[7，8]针下针，下针2针并1针；重复*之后的织法到一圈结束——减掉了8针。

第4圈： 全部织下针。

第5圈： *10（11）[6，7]针下针，下针2针并1针；重复*之后的织法到一圈结束——减掉了8针。

第6圈： *9（10）[5，6]针下针，下针2针并1针；重复*之后的织法到一圈结束——减掉了8针。

继续按这样的方式每圈减针，在每圈下针2针并1针之间减针，减9（10）[5，6]次——余8针。

仅限宽边无沿帽

下一圈（减针圈）： （下针2针并1针）4次——余4针。

留20.5cm的线头，然后断线。将线头穿过余下的针，拉紧线头收紧洞口，在反面固定。

收尾

编织完成后定型到成品尺寸。

锤子时刻
花样宽边软帽

运用强烈的麻花弹性边来保持这款垂边软帽的温暖舒适性。整体布满着有趣的锤子针法，营造出一种慵懒的味道。顶部弹性花样的减针也隐藏得非常巧妙。

设计师：菲娜·戈比斯坦

成品尺寸

弹性边的帽围尺寸 44（51.5）cm。样品尺寸是 51.5cm。

线材

精纺纱线（4 号中粗纱线）。

样品：选用的是喀斯喀特线材公司生产的太平洋（40% 的美利奴羊毛，60% 丙烯酸；195m/100g）：32 号国家蓝 1 绞。

用针

帽子主体部分：美制 5 号（3.75mm）：40cm 长的环针和 5 根组的双头棒针。

帽边部分：美制 3 号（3.25mm）：40cm 长的环针。

为使织物达到标准密度，可以适当地调整用针。

其他工具

记号针、麻花针、毛线缝针。

密度

3.75mm 用针编织 A 花样的密度 10cm² = 24 针 ×32 行。

3.25mm 用针编织麻花弹性边的密度 10cm²=26 针 ×34 行。

针法说明

1/1 LC（1针和1针的左交叉针）： 滑1针到麻花针上，放在织物的前面，织1针下针，再在麻花针织1针下针。

麻花弹性边（4的倍数）：

第1圈： *2针下针，2针上针；重复*之后的织法到一圈结束。

第2圈： *1针和1针的左交叉针，2针上针；重复*之后的织法到一圈结束。

重复第1、第2圈的织法。

帽子的编织

帽边

用3.25mm的环针，长尾起针法起112（132）针。在圈开始的位置放入记号针，开始环形编织。注意编织的时候不要织拧了。

编织5cm宽的麻花弹性边，结束在花样的第1圈。

下一圈（加针圈）： *按照花样织7（11）针，加1针；重复*之后的织法15（11）次——128（144）针。

主体的编织

换3.75mm的棒针，编织花样A（锤子针法）直到帽子尺寸18cm，结束在花样的第2圈。

帽顶的编织

注意： 当减针减到环针上只有很少针的时候，换成双头棒针编织。

在每组16针的单元花后面放入记号针，以确保减针时候的轨迹不会出错。

开始编织花样 B

下一圈（减针圈）： 编织花样B第1圈的花样8（9）次——120（135）针。

之后按照花样B编织第2~20圈的花样——余16（18）针。

留20.5cm的线头，然后断线。将线头穿过余下的针，拉紧线头收紧洞口，在反面固定。

收尾

编织完成。

□ 下针

· 上针

╱ 下针2针并1针

↘ 上针2针并1针

▨ 无针

□ 花样重复部分

花样A

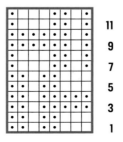

11
9
7
5
3
1

8针一重复

花样B

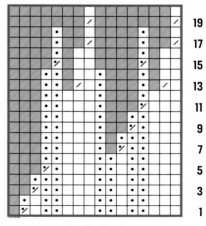

19
17
15
13
11
9
7
5
3
1

16针一重复

隐藏的秘密
费尔岛图案的发带

　　这个编织完成后的美丽发带有很多的用途。用环形编织最基本的费尔岛图案，耳罩位置是重复一样的针法和卷线绣，然后用钩针连接到发带上，形成一个秘密的口袋，可以在你搭乘巴士或者地铁的时候，存储一些零钱或者小物件。

设计师：嘉莉娜·卡罗尔

完成尺寸

帽围 48.5cm。

线材

精纺纱线（4 号中粗纱线）。

样品： 选用的是喀斯喀特纱线公司生产的太平洋线（40% 的超级水洗美利奴羊毛，60% 丙烯酸；195m/100g）：37 号三叶草色（A 色线）1 绞、52 号鲜红色（B 色线）1 绞、44 号意大利玫红色（C 色线）1 绞、36 号圣诞红色（D 色线）1 绞。

用针

美制 7 号（4.5mm）：40cm 长的环针。

为使织物达到标准密度，可以适当地调整用针。

其他工具

3.5mm 的钩针、毛线绣花针、2 根防解别针、毛线缝针。

密度

编织花样B 的密度10cm² =19针 ×20行。

注意

锁链绣、双面绣和卷线绣的方法见术语表。

耳罩的编织
（编织 2 个）

用C色线，起11针。起针行不计算在行数内。

第1~28行：只用A色线和C色线，编织花样A——17针，然后穿入防解别针。

耳罩上的刺绣参照图解（见术语表）

发带的编织

用C色线，起26针，然后面对耳罩的反面，织其中一个防解别针上的17针下针，再起30针，再面对另一个耳罩的反面，织另一个防解别针上的17针下针——90针。

圈开始的位置放入记号环，准备环形编织。

第1~16行：织花样B。

用C色线，织上针平收全部的针。

收尾

用3.5mm钩针和C色线，面对耳罩的正面，沿着底部边缘和毗邻的两个边缘钩短针。沿着折叠线折叠耳罩（见花样图解），然后继续沿着剩下的边缘和折边钩一圈短针，固定好。再缝合顶部的斜边到发带上，留着顶部边缘不缝合，让它打开自然的形成口袋。

花样A

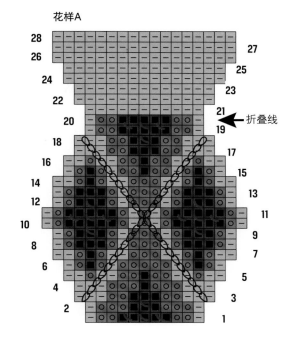

← 折叠线

花样B

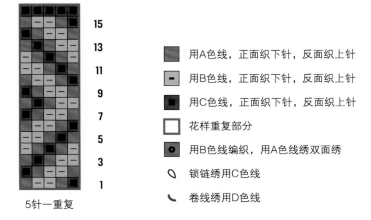

5针一重复

	用A色线，正面织下针，反面织上针
	用B色线，正面织下针，反面织上针
	用C色线，正面织下针，反面织上针
	花样重复部分
	用B色线编织，用A色线绣双面绣
	锁链绣用C色线
	卷线绣用D色线

温暖美丽的手套

在寒冷的冬季，您的手需要一个新的暖手道具！

在这一章里，有色彩奔放的多种手套，给你的手指提供更多的自由

（多数是易于编织的），在寒冷的冬季里让你更加温暖。

锁链
麻花手套

　　手套中间蜿蜒的麻花花样宛如彼此的镜像般在迅速地移动，加上上下针的背景，显得好看又时尚。

设计师：安吉拉·哈恩

成品尺寸

沿着麻花花样量取的长度是30cm，沿着手掌侧边量取的长度是28cm；手围是19cm。尺寸适合大多数的女性。

线材

精纺纱线（4号中粗纱线）。

样品： 选用的是喀斯喀特纱线公司生产的太平洋线（40%的超级水洗美利奴羊毛，60%丙烯酸；195m/100g）：38号紫罗兰色1绞。

用针

美制7号（4.5mm）：4根组的双头棒针。

为使织物达到标准密度，可以适当地调整用针。

其他工具

记号针、毛线缝针、2个麻花针。

密度

未定型时上下针的密度是10cm²=18.5针×37圈。

未定型是麻花花样的密度是10cm²=33圈。

注意
保持麻花针和上下针的纹理深度，编织完成后不要整烫定型。

针法说明

麻花花样（每组花样11针×12圈）
注意这个锁链麻花手套每个手是有不同的。

第1~11圈： 1针上针，9针下针，1针上针。

左手手套的第12圈： 1针上针，滑接下来的6针到麻花针，放置在织物的前方。织左棒针上3针下针，然后把麻花针上后面的3针滑回到左棒针，余下3针在织物的后方。织左棒针上3针下针，再麻花针上的织3针下针，1针上针。

右手手套的第12圈： 1针上针，滑接下来的3针到第一个麻花针，放置在织物的后方，滑接下来的3针到第二个麻花针，放置在织物前方。织左棒针上3针下针，再第二个麻花针上3针下针，接着第一个麻花针上3针下针，1针上针。

左手手套的编织

用"针织起针法"，起38针，均匀地分配到3根双头棒针上。圈的编织开始的位置放入记号针，开始环形编织，注意编织的时候不要织拧了。

第1圈： 全部织上针。

第2圈： 下针编织到最后11针，在麻花花样开始的位置放入记号针，1针上针，9针下针，1针上针。

第3圈： 重复第1圈的织法。

第4圈： 下针编织到最后11针，编织麻花花样的第1圈。

第5圈： 上针编织到余最后11针的位置，编织麻花花样的第2圈。

第6~48圈： 保持排好的上下针和麻花花样的编织，结束在上下针下针行的一圈。

大拇指扣板的编织

第49圈： 上针织到麻花花样前的8针位置，放入记号针，在下面一圈里挑织1针上针，1针上针，再在上一圈里挑织1针上针，放入记号针，编织到这一圈结束——加了2针。

第50圈： 保持花样不变，加出的2针织上下针。

第51圈（扣板的加针）： 编织到扣板加针的记号针位置，在下面一圈里挑织1针上针，继续编织到下一个记号针位置，再在下面一圈里挑织1针上针，编织到这一圈结束——加了2针。

第52~55圈： 重复最后2圈的编织方法2次——一共46针；在2个扣板记号针之间有9针。

第56~60圈： 不加不减保持花样编织。

第61圈： 编织到扣板记号针位置，把大拇指的这9针穿入别针，拿掉扣板记号针，翻面，用"针织起针法"在缺口位置起6针，翻面，继续编织剩下的针到这一圈结束——43针。

第62~91圈： 保持花样继续编织，起的6针织上下针。

第92圈： 6针下针，放入记号针，20针下针，放入记号针，6针下针，编织到这一圈结束。

顶部的减针

第1圈（减针圈）： *上针编织到记号针前3针位置，上针2针并1针，2针上针，上针2针并1针；重复*之后的织法一次，然后编织到这一圈结束——减了4针。

第2圈： 不加不减保持花样继续编织。

重复第1、2圈的织法2次——减了8针。

第3圈（减针圈）： 上针2针并1针，2针上针2针并1针，上针到下一个记号环前3针位置，上针2针并1针，2针上针，上针2针并1针，1针上针；滑接下来的6针到麻花针上，放置在织物的前面；左棒针上织下针3针并1针；滑接麻花针上后面的3针到左棒针，麻花针上余下的3针在织物后面编织，左棒针上织3针下针，然后麻花针上的织（右下2针并1针，1针下针），1针上针——余24针。下一圈开始的2针织下针。留45.5cm的线头，然后断线；用3根棒针收针。

具体操作： 把手套从里面翻出来，穿12针到一根双头棒针上，另外12针穿入另一根双头棒针。用第3根双头棒针，用3根针收针的方法平收所有针。

右手手套编织

用"针织起针法"，起38针，均匀地分配到3根双头棒针上。圈开始的位置放入记号针，开始环形编织，注意编织的时候不要织拧了。

第1~48圈： 和左手手套的编织方法大概一致，编织麻花花样11针，和右手手套第12圈的织法。

大拇指扣板的编织

第49圈： 7针上针，放入记号针，在下面一圈里挑织1针上针，1针上针，再在下面一圈里挑织1针上针，放入记号针，继续花样编织到这一圈结束——加了2针。

第50~98圈： 和左手编织方法一致，麻花花样按照右手手套第12圈的织法编织——余31针。

第99圈： 上针2针并1针，2针上针，上针2针并1针，1针上针，上针到下一个记号针前3针，上针2针并1针，2针上针，上针2针并1针，1针上针；滑接下来的3针到第一个麻花针上，放置在织物的后面；再接下来的3针滑到第二个麻花针上，放置在织物的前面；左棒针上织下针2针并1针，第二个麻花针上的织3针下针，最后织第一个麻花针上的右下3针并1针；1针上针——余24针。下一圈开始的2针织下针，留45.5cm的线头，然后断线，用3根棒针收针。3根棒针收针的方法和左手手套顶部的处理一样。

大拇指编织（两只手编织方法一样）

用双头棒针，面对织物的正面，沿着起针的边缘位置挑8针下针；别针上的9针穿入另一根双头棒针——17针。圈开始的位置加入记号针，开始环形编织。以别针位置做为一圈的开始位置。

下一圈（减针圈）： 9针上针，上针2针并1针，4针上针，上针2针并1针——15针。

下一圈： 全部织下针。

下一圈： 全部织上针。

重复最后2圈的织法7次。

下一圈（减针圈）： *1针下针，下针2针并1针；重复*之后的织法到一圈结束——10针。

下一圈（减针圈）： 上针2针并1针到一圈结束——5针。留20.5cm线头，然后断线。将线头穿过余下的针，拉紧线头收紧洞口，在反面固定。

收尾

编织部分结束。用多余的线头把拇指基础位置的洞略微收紧一下。

绿松石小路
费尔岛图案手套

　　这款有着美国西南部风格的、明亮的费尔岛图案的手套非常引人注目。在寒冷的冬季，它们无疑能保护你的手温暖。

设计师：桑尼尔·康纳利

成品尺寸

适合绝大多数人的尺寸。

手围 16.5cm，长 16cm。

线材

精纺纱线（4 号中粗纱线）。

样品：选用的是喀斯喀特纱线公司生产的太平洋(40% 的超级水洗美利奴羊毛，60% 丙烯酸；195m/100g)：51 号金银花的粉色（A 色线）1 绞、40 号孔雀蓝（B 色线）1 绞、13 号金色（C 色线）1 绞，57 号芥末色（D 号色）1 绞。

用针

美制 6 号（4mm）：60 或者 80cm 长的环针。

美制 7 号（4.5mm）：60 或者 80cm 长的环针。

为使织物达到标准密度，可以适当地调整用针。

其他工具

2 个记号针、废线、毛线缝针。

密度

4.5mm 棒针编织配色图案的密度 $10cm^2$=26 针 ×30 行。

注意
图解是在一根环针用魔术环方法编织的基础上进行说明的。如果用 2 根短环针或者是双头棒针，请自行调整。

手套的编织（编织2个）

用4mm环针和A色线，起36针。用魔术环的方法把针分配到棒针上（见术语表）。圈开始的位置加入记号针，准备环形编织，编织的时候注意不要织拧了。

第1圈： *2针下针，2针上针；重复*之后的织法到一圈结束。

重复这一圈的织法5次。

换4.5mm棒针编织。

下一圈（加针圈）： 用D色线，*9针下针，加1针，9针下针，加入记号针；重复*之后的织法一次——加了2针。

不加不减织一圈下针。

用A色线，织2圈下针。

下一圈（加针圈）： 用D色线，*1针下针，加1针，17针下针，加1针，1针下针，滑记号织；重复*之后的织法到一圈结束——42针。

第1~15圈： 根据配色表编织。

第16圈（大拇指放置位置）： 按照配色表编织3针，再用废线织6针下针，滑这6针到左棒针，继续按照配色图编织花样到一圈结束。

第17~29圈： 根据配色表编织。

下一圈（减针圈）： 用A色线，*下针2针并1针，19针下针，滑记号织；重复*之后的织法到一圈结束——余40针。

换4mm棒针编织。

下一圈： D色线织一圈下针。

下一圈： *2针下针，2针上针；重复*之后的织法到一圈结束。

下一圈： A色线继续罗纹针的编织。

重复最后一圈4次。

平收全部的针。

大拇指的编织

拆掉废线，在开口一端的顶部和相对一端的底部各会暴露出6针，一共12针，把它们穿到4mm棒针上。

下一圈： 用A色线，在开口位置一端缺口处挑1针下针，再编织环针上一处的6针下针；在开口位置相对一端的缺口位置也挑出1针下针，再编织环针上另一处剩下6针下针——14针。在圈开始的位置加入记号织，准备环形编织。

第1圈： *1针下针，1针上针；重复*之后的织法到一圈结束。

重复这一圈的织法4次。

平收掉所有的针。

收尾

编织完成后定型到成品尺寸。

◇ A色线

◢ B色线

Ｉ C色线

▧ D色线

— 大拇指放置位置

□ 花样重复部分

配色表

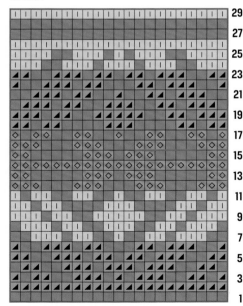

29
27
25
23
21
19
17
15
13
11
9
7
5
3
1

21针一重复

渔夫的朋友
花样袖口长手套

运用美丽的罗纹袖口，这款长手套能很自然地裹住穿戴着的手腕，以提供温暖。一旦你戴上它，通过手套的弹力织物缝体，能让你一帆风顺。

设计师：黛比·奥莉尔

完成尺寸

手围 18.5（22，25.5）cm。样品展示的是 18.5cm 尺寸。

线材

精纺纱线（4 号中粗纱线）。

样品： 选用的是喀斯喀特纱线公司生产的太平洋线（40% 的超级水洗美利奴羊毛，60% 丙烯酸；195m/100g）：55 号苔藓绿 1（1，2）绞。

用针

美制 4 号（3.5mm）的 4 根组双头棒针。

为使织物达到标准密度，可以适当地调整用针。

其他工具

废线、记号针、毛线缝针。

密度

编织全平针的密度 $10cm^2$=25 针 × 34 行。

针法说明

甘希罗纹针（4的倍数）

第1、2圈：*2针下针，2针上针；重复*之后的织法到一圈结束。

第3、4圈：*2针上针，2针下针；重复*之后的织法到一圈结束。

第5、6、9、10圈：重复第1圈的织法。

第7、8圈：重复第2圈的织法。

第11、13、15圈：全部织下针。

第12、14、16圈：全部织上针。

第17~26圈：重复第1圈的织法。

第27、29、31圈：全部织下针。

第28、30、32圈：全部织上针。

长手套的编织

手套口的编织

起44（52，60）针。按如下方法分配针到双头棒针：14（18，20）针在棒针1，16（16，20）针到棒针2，14（18，20）针到棒针3。在圈开始的位置加入记号针，准备环形编织，注意编织的时候不要织拧了。编织甘希罗纹边第1~32圈的花样。

手掌部分的编织

继续编织5（7，9）圈全平针。

左手大拇指扣板

下一圈（加针圈）：8（12，16）针下针，放入记号针，下针扭针加针，1针下针，下针扭针加针，放入记号针，下针编织到一圈结束——加了2针。

下一圈：全部织下针。

下一圈（加针圈）：8（12，16）针下针，滑记号针，加1针，下针编织到下一个记号环位置，加1针，滑记号针，下针编织到一

圈结束——加了2针。

下一圈：全部织下针。

重复最后2圈的织法5（6，7）次——共58（68，78）针；扣板记号针之间有15（17，19）针。

下一圈：8针下针，滑记号针之间的15（17，19）针到废线上做为大拇指部分，缺口位置起3针，然后下针编织到一圈结束——46（54，62）针。

右手大拇指扣板

下一圈（加针圈）：下针编织到最后9（13，17）针，放入记号针，加1针，1针下针，加1针，下针编织到一圈结束——加了2针。

下一圈：全部织下针。

下一圈（加针圈）：下针编织到记号针位置，滑记号针，加1针，下针编织到下一个记号针位置，加1针，滑记号针，下针编织到一圈结束——加了2针。

下一圈：全部织下针。

重复最后2圈的织法5（6，7）次——共58（68，78）针；扣板记号针之间有15（17，19）针。

下一圈：下针编织到记号针位置，滑记号针之间15（17，19）针到废线上做为大拇指部分，缺口位置起3针，然后下针编织到一圈结束——46（54，62）针。

两只手的主体部分

不加不减继续全平针的编织，直到手套尺寸小于所需的手长大约3.2（3.8，4.5）cm。

顶部的减针

分针行：11（13，15）针下针，加入记号针，23（27，31）针下针，加入记号针，下针编织到一圈结束。

下一圈（减针圈）：下针编织到记号针前3针，下针2针并1针，1针下针，滑记号针，1

针下针，右下2针并1针，下针编织到第二个记号针前3针，下针2针并1针，1针下针，滑记号针，1针下针，右下2针并1针，下针编织到一圈结束——减了4针。

下一圈：全部织下针。

重复最后2圈的织法5（6，7）次——余22（26，30）针。下针编织到记号针位置，重新排列手掌的针到第一个棒针，手背的针到第2根棒针上。用无缝缝合的方法缝合顶部。

大拇指的编织

按如下规律，把废线上大拇指的15（17，19）针返回到双头棒针上：5（6，6）针到棒针1，5（6，7）针到棒针2，5（5，6）针到棒针3，在手掌和开口顶部的缺口处挑1针下针，缺口位置起3针，然后在手掌和开口顶部的另一端缺口位置挑1针下针——20（22，24）针。在一圈的开始位置加入记号针环形编织。继续不加不减织5圈全平针。

下一圈（减针前）：15（17，19）针下针，右下2针并1针，1针下针，下针2针并1针——余18（20，22）针。不加不减继续编织，直到长度比拇指长度短大约6mm。

顶部的减针

下一圈（减针圈）：0（1，0）针下针，*1针下针，下针2针并1针；重复*之后的织法，最后0（1，1）针下针——余12（14，15）针。

下一圈：全部织下针。

下一圈（减针圈）：*下针2针并1针；重复*之后的织法，最后0（0，1）针下针——余6（7，8）针。

留20.5cm的线头，断线。将线头穿过余下的针，拉紧线头收紧洞口，在反面固定。

收尾

编织完成后水洗并定型到需要尺寸。

设计师：琳恩·威尔逊

绿山墙
麻花长手套

　　这款花样男女通用的长手套，是由简单的8针麻花环形编织而成的。编织容易，便于携带，非常适合编织新手。

成品尺寸

手围大约 16.5cm，长度 27.5cm。

线材

精纺纱线（4 号中粗纱线）。

样品：选用的是喀斯喀特纱线公司生产的太平洋线（40% 的超级水洗美利奴羊毛，60% 丙烯酸；195m/100g）：56 号凯利绿 1 绞。

用针

美制 6 号（4mm）：4 根组或者 5 根组的双头棒针。

为使织物达到标准密度，可以适当地调整用针。

其他工具

记号针、麻花针、3.75mm 的钩针。

密度

编织全平针的密度 $10cm^2$=21 针 $\times$25 行。

针法说明

1/2 LC（1针和2针的左交叉针）：滑1针到麻花针，放置在织物前面，左棒针上织2针下针，然后麻花针上织1针下针。

1/2 RC（1针和2针的右交叉针）：滑2针到麻花针，放置在织物后面，左棒针上织1针下针，然后麻花针上织2针下针。

Z字形麻花（8的倍数）

第1、2、4、5、6、8圈：*1针下针，2针上针，3针下针，2针上针；重复*之后的织法到一圈结束。

第3圈：*1针下针，2针上针，1针和2针的左交叉针，2针上针；重复*之后的织法到一圈结束。

第7圈：*1针下针，2针上针，1针和2针的右交叉针，2针上针；重复*之后的织法到一圈结束。

重复第1~8圈的织法。

长护腕的编织（编织 2 个）

起48针，平均分配到3根或者4根棒针上。每圈开始的位置加入记号针，开始环形编织，注意编织的时候不要织拧了。

编织1~8圈的Z字形花样5次，或者到需要的尺寸。（注意：织短的护腕重复花样3到4次，长的护腕重复5次。记得根据线材的情况调整）

大拇指开口处

下一圈（加针圈）：*1针下针，2针上针，3针下针，2针上针；重复*之后的织法到一圈结束，扭针下针加1针——49针。

如下分配，并来回片织。

第1行圈和其他所有的反面行：*1针上针，2针下针，3针上针，2针下针；重复*之后的织法到最后一针，1针上针。

第2行（正面）：*1针下针，2针上针，1针和2针的左交叉针，2针上针；重复*之后的织法到最后一针，1针下针。

第4行：*1针下针，2针上针，3针下针，2针上针；重复*之后的织法到最后一针，1针下针。

第6行：*1针下针，2针上针，1针和2针的右交叉针，2针上针；重复*之后的织法到最后一针，1针下针。

第7~14行：重复1~6行的织法一次，然后重复1~2行的织法一次。不要翻面一直编织到最后一行结束。

再又重新开始环形编织，在一圈的开始位置加入记号针。

下一圈（减针圈）：*1针下针，2针上针，3针下针，2针上针；重复*之后的织法，结束在最后重复的1针上针位置，织上针2针并1针——48针。

手掌的编织

从Z字形花样的第3圈开始，编织到第13圈，结束在花样的第7圈位置。

下一圈（减针圈）：*1针下针，2针上针，1针下针，下针2针并1针，2针上针；重复*之后的织法到一圈结束——42针。

平收全部的针。

收尾

用钩针沿着大拇指开口处钩一圈短针。

编织结束后定型到需要的尺寸。

手工艺品
花样无指手套

　　这款能非常快速编织而成的露指手套十分漂亮，可以赠送给他人。环形编织的桂花针，顶部和底部的罗纹边，加上调色板一样的配色男女都适用，非常值得推荐。

设计师：桑尼尔·康纳利

成品尺寸

尺寸适合大多数人。

手围 18cm，长度 16.5cm。

线材

精纺纱线（4 号中粗纱线）。

样品：选用的是喀斯喀特纱线公司生产的太平洋线（40% 的超级水洗美利奴羊毛，60% 丙烯酸；195m/100g）：9 号米色（A 色线）1 绞、25 号橘红色（B 色线）1 绞、28 号蓝色（C 色线）1 绞。

用针

美制 6 号（4mm）：60 或者 80cm 长的环针。

美制 7 号（4.5mm）：60 或者 80cm 长的环针。

为使织物达到标准密度，可以适当地调整用针。

其他工具

2 个记号针、废线、毛线缝针。

密度

用 4.5mm 棒针编织简易桂花针的密度 10cm² =22.5 针 ×32 行。

针法说明

简易桂花针（4的倍数）

第1圈： *1针下针，1针上针，2针下针；重复*之后的织法到一圈结束。

第2圈： 全部织下针。

第3圈： *2针下针，1针上针，1针下针；重复*之后的织法到一圈结束。

第4圈： 全部织下针。

重复1~4行的花样。

注意

图解是在一根环针用魔术环方法编织的基础上进行说明的。如果用2根短环针或者是双头棒针，请自行调整。

露指手套的编织
（编织2个）

用4mm棒针和A色线，起36针。用魔术环的方法把起好的针目分配到棒针上（见术语表）。每圈的开始位置加入记号针，准备环形编织，编织的时候注意不要织拧了。

第1圈： *2针下针，2针上针；重复*之后的织法到一圈结束.

重复最后一圈的织法5次。

换4.5mm棒针。

编织5圈简易桂花针。

下一圈（加针圈）： 编织下一行的花样，*1针下针，加1针，16针下针，加1针，1针下针；重复*之后的织法到一圈结束——40针。

不加不减继续按照花样编织15圈。

下一圈（大拇指开口处）： 编织3针既定的花样，然后用废线织6针下针，滑这6针到左棒针，继续编织花样到一圈结束。

不加不减继续按照花样编织9圈。

下一圈： 39针下针，滑1针。

下一圈： 用B色线编织既定的花样。

下一圈： 39针下针，滑1针。

下一圈： 不加不减编织一圈。

下一圈： 用A色线全部织下针。

下一圈： 39针既定的花样，滑1针。

用C色线，编织2圈既定的花样。

换4mm棒针。

下一圈： *2针下针，2针上针；重复*之后的织法到一圈结束。

重复最后一圈的织法5次。

平收全部的针。

大拇指的编织

拆掉废线，暴露出来的12针穿到4mm棒针上。顶部开口处的6针穿到棒针的末端，底部开口处的6针放到相反一端棒针的末端。

下一圈： 用A色线，在一个开口末端的缺口处挑1针下针，再编织环针一处位置的6针下针；再在开口相反位置的末端缺口处挑1针下针，织余下的6针下针——14针。一圈的开始位置加入记号针，开始环形编织。

下一圈： *1针下针，1针上针；重复*之后的织法到一圈结束。

重复最后一圈的织法4次，然后平收掉全部的针。

收尾

编织结束后定型到需要尺寸。

网格编织
麻花手套

　　这款舒适的手套从腕口位置的麻花分叉变成手背上网格形状的麻花花样，两只手的花样略有区别。编织这款手套是每个麻花编织爱好者的梦想。

设计师：黛比·奥莉尔

成品尺寸

手围 16（18，21）cm，展示的尺寸是16cm。

线材

精纺纱线（4 号中粗纱线）。

样品： 选用的是喀斯喀特纱线公司生产的太平洋线（40% 的超级水洗美利奴羊毛，60% 丙烯酸；195m/100g）：39号法国蓝 1（1，2）绞。

用针

美制 4 号（3.5mm）：4 根组的双头棒针。

为使织物达到标准密度，可以适当地调整用针。

其他工具

麻花针、废线、记号针、毛线缝针。

密度

编织全平针的密度 $10cm^2$=24 针 ×34 行。

注意

麻花花样会让手套看起来很窄，不过弹性很好，能使手套更贴合你的手。

手套的花样是这样安排的：手背织网格花样，其余的织全平针（手掌和手的边缘）。一圈结束后的位置大概是在手掌的中心位置。

针法说明

2/2 RC（2针和2针的右交叉针）：滑2针到麻花针，并放置在织物的后方，织左棒针上2针下针，再织麻花针上2针下针。

2/2 LC（2针和2针的左交叉针）：滑2针到麻花针，并放置在织物的前方，织左棒针上2针下针，再织麻花针上2针下针.

2/1 LPC（2针和1针上针的左交叉针）：滑2针到麻花针，并放置在织物的前方，织左棒针上1针上针，再织麻花针上2针下针。

2/1 RPC（2针和1针上针的右交叉针）：滑1针到麻花针，并放置在织物的后方，织左棒针上2针下针，再织麻花针上1针上针。

2/4 LC（2针和4针的左交叉针）：滑2针到麻花针，并放置在织物的前方，织左棒针上2针上针，2针下针，再织麻花针上2针下针。

2/4 RC（2针和4针的右交叉针）：滑4针到麻花针，并放置在织物的后方，织左棒针上2针下针，再织麻花针上2针上针，2针下针。

麻花罗纹针（左手，8的倍数）

第1~6圈：*2针下针，2针上针；重复*之后的织法到一圈结束。

第7圈：*2针和1针上针的左交叉针，2针和1针上针的右交叉针，2针上针；重复*之后的织法到一圈结束。

第8圈：*1针上针，4针下针，3针上针；重复*之后的织法到一圈结束。

第9圈：*1针上针，2针和2针的左交叉针，3针上针；重复*之后的织法到一圈结束。

第10~12圈：重复第8圈的织法。

第13圈：重复第9圈的织法。

第14圈：重复第8圈的织法。

第15圈：*2针和1针上针的右交叉针。2针和1针上针的左交叉针，2针上针；重复*之后的织法到一圈结束。

第16~21圈：*2针下针，2针上针；重复*之

后的织法到一圈结束。

麻花罗纹针（右手，8的倍数）

第1~6圈：*2针下针，2针上针；重复*之后的织法到一圈结束。

第7圈：*2针和1针上针的左交叉针，2针和1针上针的右交叉针，2针上针；重复*之后的织法到一圈结束。

第8圈：*1针上针，4针下针，3针上针；重复*之后的织法到一圈结束。

第9圈：*1针上针，2针和2针的右交叉针，3针上针；重复*之后的织法到一圈结束。

第10~12圈：重复第8圈的织法。

第13圈：重复第9圈的织法。

第14圈：重复第8圈的织法。

第15圈：*2针和1针上针的右交叉针。2针和1针上针的左交叉针，2针上针；重复*之后的织法到一圈结束。

第16~21圈：*2针下针，2针上针；重复*之后的织法到一圈结束。

网格花样［左手，26（30，34）针一组］

第1、3、5、9、11和13圈：0（2，0）针下针，*2针下针，2针上针；重复*之后的织法到最后2（4，2）针，2（4，2）针下针。

第2和所有偶数圈：0（2，0）针下针，*2针下针，2针上针；重复*之后的织法到最后2（4，2）针，2（4，2）针下针。

第7圈：0（2，0）针下针，*2针和4针的右交叉针，2针上针；重复*之后的织法到最后2（4，2）针，2（4，2）针下针。

第15圈：2（4，2）针下针，*2针上针，2针和4针的右交叉针；重复*之后的织法到最后0（2，0）针，0（2，0）针下针。

重复第1~16圈的织法。

网格花样［右手，26（30，34）针一组］

第1、3、5、9、11和13圈：0（2，0）针下针，*2针下针，2针上针；重复*之后的织法到最后2（4，2）针，2（4，2）针下针。

第2和所有偶数圈：0（2，0）针下针，*2针下针，2针上针；重复*之后的织法到最后2（4，2）针，2（4，2）针下针。

第7圈：0（2，0）针下针，*2针和4针的左交叉针，2针上针；重复*之后的织法到最后2（4，2）针，2（4，2）针下针。

第15圈：2（4，2）针下针，*2针上针，2针和4针的左交叉针；重复*之后的织法到最后0（2，0）针，0（2，0）针下针。

重复第1~16圈的织法。

左手手套的编织

起48（56，64）针。如下分配针数到3根双头棒针上：16（16，24）针到棒针1，16（24，16）针到棒针2，16（16，24）针到棒针3。放置记号针，开始环形编织，注意编织的时候不要织拧了。按照左手麻花罗纹针的方法编织第1~21圈。

排列花样行：12（14，20）针下针，接下来的26（30，34）针编织左手网格花样，然后下针织到一圈结束。按照这个花样排列编织4（6，8）圈。

大拇指扣板

下一圈（加针圈）：9（11，17）针下针，放记号针，下针扭针加针，1针下针，下针扭针加针，放记号针，按照花样排列编织到一圈结束——加了2针。

下一圈：按照排好的花样编织。

下一圈（加针圈）：下针编织到扣板记号

针位置，滑记号针，下针扭针加针，下针编织到另一个扣板记号针位置，下针扭针加针，滑记号针，按照花样排列编织到一圈结束——加了2针。

下一圈：按照排好的花样编织。

重复最后2圈的织法6（7，8）次——共64（74，84）针；扣板记号针之间是17（19，21）针。

下一圈：下针编织到扣板记号针位置，滑两个记号针之间的17（19，21）针到废线，作为大拇指的针备用。缺口位置起3针，然后下针编织到一圈结束——50（58，66）针。

右手手套的编织

起48（56，64）针。如下分配针数到3根双头棒针上：16（16，24）针到棒针1，16（24，16）针到棒针2，16（16，24）针到棒针3。圈开始的位置放置记号环开始环形编织，注意编织的时候不要织拧了。按照右手麻花罗纹针的方法编织第1~21圈。

排列花样行：12（14，20）针下针，接下来的26（30，34）针编织右手网格花样，然后下针编织到一圈结束。按照这个花样排列编织4（6，8）圈。

大拇指扣板

下一圈（加针圈）：按照花样排列编织到最后8（10，16）针，放记号针，下针扭针加针，1针下针，下针扭针加针，放记号针，下针编织到一圈结束——加了2针。

下一圈：按照排好的花样编织。

下一圈（加针）：按照花样排列编织到扣板记号针位置，滑记号针，下针扭针加针，下针编织到另一个扣板记号针位置，下针扭针加针，滑记号针，下针编织到一圈结束——加了2针。

下一圈：按照排好的花样编织。

重复最后2圈的织法6（7，8）次——共64（74，84）针；大拇指扣板两个记号针之间是17（19，21）针。

下一圈：下针编织到拇指扣板记号针环位置，滑两个记号环之间的17（19，21）针到废线，做为拇指的针；缺口位置起3针，然后下针编织到一圈结束——50（58，66）针。

两只手套的编织

不加不减编织到大概比所需要的手长短4（4.5，5）cm位置。

排列花样行：12（14，20）针下针，放记号针，1针下针，右下2针并1针，20（24，28）针排好的花样，下针2针并1针，1针下针，放记号针，下针编织到一圈结束——余48（56，64）针。不加不减编织1圈。

下一圈（减针圈）：下针编织到记号针前3针位置，下针2针并1针，1针下针，滑记号针，1针下针，右下2针并1针，再继续编织到下一个记号环前3针位置，下针2针并1针，1针下针，滑记号针，1针下针，右下2针并1针，下针编织到一圈结束——减了4针。不加不减织1圈。

重复最后2圈的织法5（6，7）次——余下24（28，32）针。下针编织到记号针位置，重新排列手掌上的针到棒针1，手背上的针到棒针2，用无缝缝合的方法缝合顶部（见术语表）。

大拇指的编织

把废线上大拇指的17（19，21）针数穿到棒针上：6（6，7）针穿入棒针1，6（7，7）针穿入棒针2，5（6，7）织穿入棒针3。在棒针3上挑5针下针——共22（24，26）针。放入记号针开始环形编织，注意编织的时候

不要织拧了。

不加不减织5圈。

下一圈（减针圈）：17（19，21）针下针，右下2针并1针，1针下针，下针2针并1针——余下20（22，24）针。不加不减织1圈。

下一圈（减针圈）：17（19，21）针下针，滑1针，下针2针并1针，跳过1个滑针——余下18（20，22）针。

不加不减继续编织，直到尺寸比需要的长度短6mm。

顶部的减针

下一圈（减针圈）：0（1，0）针下针，*1针下针，下针2针并1针；重复*之后的织法，最后0（1，1）针下针——余12（14，15）针。

下一圈：全部织下针。

下一圈（减针圈）：*下针2针并1针；重复*之后的织法，最后0（0，1）针下针——余6（7，8）针。

留20.5cm的线头，断线。将线穿过余下所有的针，拉紧线头，锁紧指洞，然后在反面固定。

收尾

编织结束后下水清洗并定型到需要的尺寸。

斯堪的纳维亚的启示
费尔岛图案合指手套

这款费尔岛图案的合指手套能让你舒适地度过秋季、冬季，进入春季。从环形编织费尔岛图案到最后的大拇指部分，设计非常巧妙。换个不同颜色的搭配，可以给家庭里每个成员来一双。

设计师：玛丽·简·马克斯坦

成品尺寸

手围 21cm，长度 21cm。

线材

精纺纱线（4 号中粗纱线）。

样品： 选用的是喀斯喀特纱线公司生产的太平洋（40% 的超级水洗美利奴羊毛，60% 丙烯酸；195m/100g）：1 号奶油色（A 色）1 绞、39 号法国蓝（B 色）1 绞、43 号深红色（C 色）1 绞、33 号仙人掌绿（D 色）1 绞。

用针

美制3号（3.25mm）：4根组的双头棒针。

美制5号（3.75mm）：4根组的双头棒针。

为使织物达到标准密度，可以适当地调整用针。

其他工具

毛线缝针、一条长 30.5cm 的光滑的废线。

密度

用 3.75mm 棒针编织提花的密度 $10cm^2$ = 23 针 × 27 行。

手套的编织
（编织2个）

用3.25mm双头棒针和A色线起42针。平均分配到3根棒针上。放入记号环开始环形编织，注意编织的时候不要织拧了。

第1圈： *1针下针，1针上针；重复*之后的织法到一圈结束。

重复第1圈的织法到尺寸7.5cm。

下一圈（加针圈）： *织7针，下针扭针加针；重复*之后的织法到一圈结束——48针。

换3.75mm棒针。

下一圈： 全部织下针。

第1~17圈： 按照配色表编织。

第18圈（大拇指位置）： 用废线织8针下针，滑这8针到左手棒针，按照配色表编织到一圈结束。

第19~27圈： 按照配色表编织。

下一圈： 用A色线织全下针。

下一圈（减针圈）： *6针下针，下针2针并1针；重复*之后的织法到一圈结束——42针。

换3.25mm双头棒针。编织1针下针，1针上针的单罗纹2cm。

平收全部的针。

大拇指的编织

用第1根3.25mm的双头棒针和A色线，在废线的下方挑8针下针，再用第2根3.25mm的双头棒针，在废线的上方挑8针下针——16针。小心地拆掉废线。把下方棒针上的针分配到2根棒针上（棒针1和2），留8针在上方的棒针上（3根棒针）。

第1圈： 编织棒针1和2上的针，然后用棒针2在开口拐角的位置挑1针下针，再编织棒针3上的针，同样用在棒针3拇指开口拐角的位置挑1针下针——18针；此时棒针1上有4针，棒针2上5针，棒针3上9针。在一圈的开始位置放入记号针，开始环形编织。

第2和3圈： 全部织下针。

第4~7圈： 编织1针下针，1针上针的单罗纹。

平收全部的针。

收尾

编织结束后，用线头小心处理下手和拇指拐角位置，不要留有洞。定型到成品尺寸，整理下左、右手手套的型。

配色表

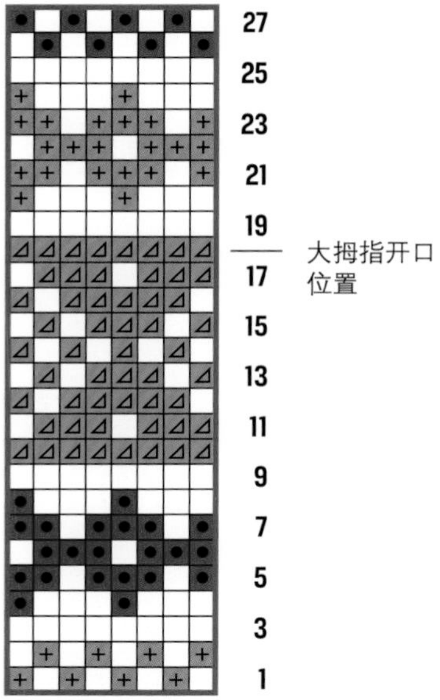

大拇指开口位置

8针一重复

	A色线
+	B色线
●	C色线
◢	D色线
	花样重复部分

可爱的围脖和围巾

有女性特质的蕾丝围脖，引人注目、色彩跳跃的麻花围巾以及醒目的元宝针披肩，都能让我们的颈部成为亮点。如果你准备好让你的上下针披肩更好一些，就从这里开始吧。

色彩鲜明
元宝针围巾

　　高对比度的色彩编织流行的罗纹，运用错列的色彩让这条有着经典的元宝针花样的围巾变得更加时尚。编织出的混搭色彩以展示围巾除了保暖的时尚装饰作用。

设计师：南茜·马钱特

成品尺寸
18cm，长 162.5cm。

线材
粗纺纱线（5 号粗纱线）。

样品： 选用的喀斯喀特纱线公司生产的太平洋粗纺纱线（40% 的超级水洗美利奴羊毛，60% 丙烯酸；110m/100g）：25 号橘红色（亮色）2 绞、45 号康纳德葡萄紫（深色）2 绞。

用针
美制 7 号（4.5mm）：40cm 长的环针。

为使织物达到标准密度，可以适当地调整用针。

密度
编织双色元宝针花样的密度 $10cm^2$=12 针 ×34 行。

注意

这个编织围巾使用了一种特殊罗纹针——元宝针。通过元宝针来钩织主题。下针在前面的时候毛线会变得突出，上针则减弱。用两个颜色来编织，亮色毛线做为下针，亮色减弱；亮色做为上针，深色会变得突出。这个变化每 20 行发生一次改变。

元宝针编织窍门

元宝针是通过编织一针下针和一针滑针来创造出一个容易的、可逆的罗纹织物，而不是在前方带线编织或者是在后面滑针，以同样的方式带线盖过一针形成一针覆盖线，这个覆盖线将压在滑针的上面。这个覆盖线和它压着的那针看成是一针来计数，两者在接下来的一行要么一起织下针，要么一起织上针。

通过用两个不同颜色的线来编织普通的双色元宝针，会得到一条垂直的连续的线，下针柱是一个颜色，上针柱是第二个颜色。如果翻转来编织，颜色就会发生逆转，下针柱变成第二个颜色，上针柱变成了第一个颜色。

两行的编织都是在织物的表面编织一行，先是第1A行（亮的一面，亮色），其次是第1B行（亮的一面，深色），这两行都属于第一行；再是第二行由第2A行（暗的一面，亮色）和第2B行（暗的一面，深色）组成。

元宝针色彩的编织，行的覆盖线只在最后的颜色被使用的时候编织。如果你因为不确定最后该用哪个颜色而不得不放下编织的时候，看看覆盖线。

"滑1针，覆盖线（滑1针并挂线）"总是在滑针前，线在织物的前方时进行。在下针行时，滑针之前要先把线通过2根棒针之间带到织物的前方，然后再在滑了1针以后覆盖住滑针到织物的后方，线到了下一针下针的位置。在上针行时，线是在织物的前方，所以直接滑下一针，再带线盖住滑针来到织物的后方，然后通过两个棒针之间再返回到织物的前方，此时线到了下一针上针的位置。

如果你需要放掉一些已经编织好的部分，拿掉棒针，修改纠缠的位置。可以用细一些的棒针来挑针，这样更容易操作，然后再用原来的棒针重新开始编织。

针法说明

Sl1yo（滑1针并挂线）：线在织物的前方，滑1针，带线盖过棒针绕到织物后方；如果接下来的一针是上针的话，带线从两根棒针之间到织物的前方。

围巾的编织

用意式双色线起针法起24针（见术语表），用亮色线先编织1针下针。

排列花样A行：用亮色线，线在织物后方滑1针，*1针上针，滑1针并挂线；重复*之后的织法到最后1针，1针上针。不要翻面，滑全部的针到这一行开始的位置再次编织。

排列花样B行：用深色线，1针下针，*滑1针并挂线，和覆盖线一起编织1针下针；重复*之后的织法到最后1针，放深色线到织物后方，滑最后1针，翻面。

第1A行：用亮色线，1针下针，*滑1针并挂线，和覆盖线一起编织1针下针；重复*之后的织法到最后1针，放亮色线到织物的后方，滑最后1针。不要翻面，滑全部的针到这一行开始的位置再次编织。

第1B行：放深色线到织物的后方滑1针，*和覆盖线一起织1针上针，滑1针并挂线；重复*之后的织法到最后1针，1针上针，翻面。

第2A行：用亮色线，线在织物的前方滑1针，*和覆盖线一起织1针上针，滑1针并挂线；重复*之后的织法到最后1针，1针上针。不要翻面，滑全部的针到这一行开始的位置再次编织。

第2B行：用深色线，1针下针，*滑1针并挂线，和覆盖线一起编织1针下针；重复*之后的织法到最后1针，放深色线到织物的后方，滑最后1针，翻面。

重复第1A~2B行的织法9次。

第21A行：用亮色线，1针下针，*滑1针并挂线，和覆盖线一起编织1针下针；重复*之后的织法到最后3针，滑1针并挂线，和覆盖线一起编织上针，放亮色线到织物的前方，滑最后1针。不要翻面，滑全部的针到这一行开始的位置再次编织。

第21B行：用深色线，线在织物的前方滑1针，*和覆盖线一起织1针上针，滑1针并挂线；重复*之后的织法到最后1针，1针下针，翻面。

第22A行：用亮色线，线在织物的后方滑1针，和覆盖线一起织1针下针，滑1针并挂线，*和覆盖线一起编织1针上针，滑1针并挂线；重复*之后的织法到最后1针，1针上针。不要翻面，滑全部的针到这一行开始的位置再次编织。

第22B行：用深色线，1针上针，*滑1针并挂线，和覆盖线一起编织1针下针；重复*之后的织法到最后1针，放深色线到织物的后

方，滑最后1针，翻面。

重复第21A~22B行的织法9次。

第41A行：用亮色线，1针下针，*滑1针并挂线，和覆盖线一起编织1针下针；重复*之后的织法到最后5针，（滑1针并挂线，和覆盖线一起编织上针）2次，放亮色线到织物的前方，滑最后1针。不要翻面，滑全部的针到这一行开始的位置再次编织。

第41B行：用深色线，线在织物的前方滑1针，*和覆盖线一起织1针上针，滑1针并挂线；重复*之后的织法到最后3针，和覆盖线一起织1针下针，滑1针并挂线，1针下针，翻面。

第42A行：用亮色线，线在织物的后方滑1针，（和覆盖线一起织1针下针，滑1针并挂线）2次，*和覆盖线一起编织1针上针，滑1针并挂线；重复*之后的织法到最后1针，1针上针。不要翻面，滑全部的针到这一行开始的位置再次编织。

第42B行：用深色线，1针上针，滑1针并挂线，和覆盖线一起编织1针上针，*滑1针并挂线，和覆盖线一起编织1针下针；重复*之后的织法到最后1针，放深色线到织物的后方，滑最后1针，翻面。

重复第41A~42B行的织法9次。

第61A行：用亮色线，1针下针，*滑1针并挂线，和覆盖线一起编织1针下针；重复*之后的织法到最后7针，（滑1针并挂线，和覆盖线一起编织上针）3次，放亮色线到织物的前方，滑最后1针。不要翻面，滑全部的针到这一行开始的位置再次编织。

第61B行：用深色线，线在织物的前方滑1针，*和覆盖线一起织1针上针，滑1针并挂线；重复*之后的织法到最后5针，（和覆盖线一起织1针下针，滑1针并挂线）2次，1针下针，翻面。

第62A行：用亮色线，线在织物的后方滑1针，（和覆盖线一起织1针下针，滑1针并挂线）3次，*和覆盖线一起编织1针上针，滑1针并挂线；重复*之后的织法到最后1针，1针上针。不要翻面，滑全部的针到这一行开始的位置再次编织。

第62B行：用深色线，1针上针，（滑1针并挂线，和覆盖线一起编织1针上针）2次，*滑1针并挂线，和覆盖线一起编织1针下针；重复*之后的织法到最后1针，放深色线到织物的后方，滑最后1针，翻面。

重复第61A~62B行的织法9次。

继续按照这样的方式，每20行交换一次亮色和深色线，直到全部的针交换完毕。大概交换20次后全部的针会交换完毕。平收全部的针。

收尾

编织完成。

悄然走过郁金香
蕾丝围脖

穿任何衣服都可以搭配这款充满活力、布满花样的围脖。中间环形编织的蕾丝花样让人联想起一片花田。如果你喜欢更长一点的围脖，只需要多重复几次就可以了。

设计师：安吉拉·哈恩

成品尺寸

底部周长 75cm，顶部周长 47cm，有轻微的弹性；宽 15cm。

线材

精纺纱线（4 号中粗纱线）。

样品：选用的是喀斯喀特纱线公司生产的太平洋线（40% 的超级水洗美利奴羊毛，60% 丙烯酸；195m/100g）：53号甜菜红一绞。

用针

美制 7 号（4.5mm）：40cm 或者 60cm长的环针。

为使织物达到标准密度，可以适当地调整用针。

其他工具

记号针、毛线缝针。

密度

未定型前蕾丝花样的密度 10cm² = 26 针 × 29 行。

注意

这款围脖不需要定型以保持花样的立体感。

围脖的编织

起216针。加入记号针环形编织，注意编织的时候不要织拧了。

按照蕾丝花样编织第1~42圈——35圈之后余120针。

注意： 在第2、4、6、34圈分别一次性减掉了24针（每组单元花减掉2针）。

第43圈： 织上针平收掉全部的针。

收尾

编织结束。

蕾丝花样

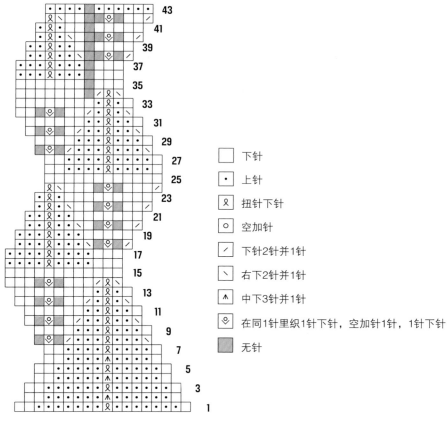

□	下针
·	上针
요	扭针下针
○	空加针
╱	下针2针并1针
╲	右下2针并1针
⋀	中下3针并1针
⩔	在同1针里织1针下针，空加针1针，1针下针
▨	无针

注意： 在第 17、19、21、23、37、39 和 41 圈，到花样的最后 1 针时，不要编织，做为下一圈新的开始的位置（也就是最后一针变成了下一圈的第一针，和接下来的一针一起编织）。第 18、20、22、24、38、40 和 42 圈，在拿掉原来开始位置的记号针时，把这 2 针一起织下针 2 针并 1 针。

预科生的准备
麻花坎肩

从上往下环形编织带有罗纹领的全平针，这件温暖的坎肩巧妙的组合了引返编和麻花花样。引返编创造出一个俯冲的不对称的弯曲边缘，穿上后，在肩部和胸部形成一个完美的曲线。

设计师：罗宾·梅兰森

成品尺寸

颈部周长大约 52（54.5，58，60.5）cm，底部边缘周长大约 134（143，157.5，166.5）cm。

适合 76~86.5（91.5~101.5，106.5~117，122~132）cm 的胸围。展示的尺寸是 76~86.5cm。

线材

粗纺纱线（5 号粗纱线）。

样品：选用的是喀斯喀特纱线公司生产的太平洋粗纱线（40% 的超级水洗美利奴羊毛，60% 丙烯酸；110m/100g）：71 号小男孩蓝色 3（3，4，4）绞。

用针

美制 10.5 号（6.5mm）：40cm 和 80cm 长的环针。

为使织物达到标准密度，可以适当地调整用针。

其他工具

麻花针、记号针、毛线缝针。

密度

全平针的密度 $10cm^2$=14 针 ×20 行。

注意
记号针在花样位置使用，除非有特别说明，否则全部都是滑记号针。

针法说明

3/3 LC（3针和3针的左交叉针）： 滑3针到麻花针，然后放在织物的前方，织左手棒针上的3针下针，然后麻花针上的3针下针。

3/3 RC（3针和3针的右交叉针）： 滑3针到麻花针，然后放在织物的后方，织左手棒针上的3针下针，然后麻花针上的3针下针。

4/4 LC（4针和4针的左交叉针）： 滑4针到麻花针，然后放在织物的前方，织左手棒针上的4针下针，然后麻花针上的4针下针。

4/4 RC（4针和4针的右交叉针）： 滑4针到麻花针，然后放在织物的后方，织左手棒针上的4针下针，然后麻花针上的4针下针。

双罗纹针（4的倍数）
第1圈： *2针下针，2针上针；重复*之后的织法到一圈结束。
重复这1圈的织法。

坎肩的编织

用40cm长的环针，起80（84，88，92）针。放入记号针，开始环形编织，注意编织的时候不要织拧了。

编织10cm双罗纹针。

下一圈（排列花样圈）： *1针下针，加1针，[2针下针，加1针]2次，1针下针，放记号针，2针上针，10（11，12，13）针下针，2针上针，放放记号针；重复*之后的织法3次，省略之后关于记号针放置的说明——92（96，100，104）针。

加针圈： *编织花样A的9针到记号针位置，2针上针，1针下针，右加针，下针编织到下一个记号针前3针，左加针，1针下针，2针上针；重复*之后的织法3次——加了8针。

继续两个记号针之间编织花样A，其他针按照既定的针编织，新产生的针都织下针。重复每隔一圈这样加针加7次，结束在花样A的第7圈位置——156（160，164，168）针。

注意： 当针数增加到一定，短环针编织起来不方便的时候，换长的环针编织。

下一圈（麻花针，加针圈）： *2针下针，下针扭针加针，[3针下针，下针扭针加针]2次，1针下针，编织到下一个记号针位置；重复*之后的织法3次——168（172，176，180）针。

不加不减，两个记号针之间开始编织花样B，织2（2，0，0）圈。

下一圈（加针圈）： *编织12针的花样B麻花到记号针位置，2针上针，1针下针，右加针，编织到下一个记号针前3针，左加针，1针下针，2针上针；重复*之后的织法3次——加了8针。

每4（4，2，2）圈重复加针圈的织法3（4，2，2）次，然后每0（0，4，4）圈重复加针0（0，4，5）次——200（212，232，244）针。

不加不减再编织2圈。此时织物的尺寸大约距离罗纹边结束位置17（19，20.5，22）cm。

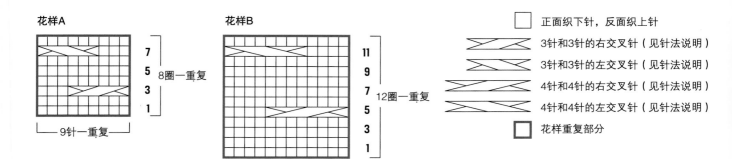

花样A

8圈一重复
7
5
3
1

9针一重复

花样B

12圈一重复
11
9
7
5
3
1

12针一重复

正面织下针，反面织上针

3针和3针的右交叉针（见针法说明）

3针和3针的左交叉针（见针法说明）

4针和4针的右交叉针（见针法说明）

4针和4针的左交叉针（见针法说明）

花样重复部分

边缘部分

从底部边缘位置开始来回编织引返编（见术语表）。

下一行（正面）：编织到最后3针，挂线翻面。

下一行（反面）：编织到距离一圈开始位置的记号针前15针位置，挂线翻面。

下一行（正面）：编织到上一次引返处前8（9，9，10）针的位置，挂线翻面。

下一行（反面）：编织到上一次引返处前8（9，9，10）针的位置，挂线翻面。

重复最后2行的织法9次——每边引返了11针。

正面开始，编织到这一圈结束。然后编织接下来的100（106，116，122）针，保持既定的花样不变，引返挂针的针要一起编织，结束在一圈的中心位置。织上针平收全部的针。

收尾

编织结束后定型到成品尺寸。

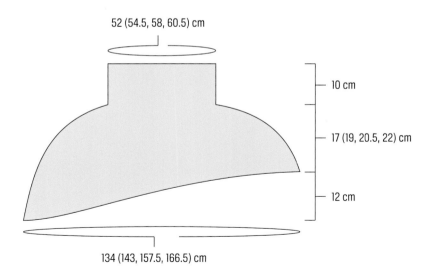

52 (54.5, 58, 60.5) cm

10 cm

17 (19, 20.5, 22) cm

12 cm

134 (143, 157.5, 166.5) cm

扭动吧，呐喊吧
麻花和上下针围巾

这款男女都适用的围巾很好地诠释了麻花。4针的垂直麻花花样和平行的上下针花样相结合，创造出一个条纹的效果。

设计师：詹妮丝·盖瑞

成品尺寸

长 153.5cm，宽 14cm。

线材

粗纺纱线（5 号粗纱线）

样品：选用的是喀斯喀特纱线公司生产的太平洋粗纱线（40% 的超级水洗美利奴羊毛，60% 丙烯酸；110m/100g）：34 号灰蓝色 2 绞。

用针

美制 10 号（6mm）棒针。

为使织物达到标准密度，可以适当地调整用针。

其他工具

麻花针、毛线缝针。

密度

麻花花样的密度 $10cm^2$=19针×16行。

针法说明

2/2 LC（2针和2针的左交叉针）：滑2针到麻花针，然后放在织物的前方，织左手棒针上的2针下针，然后麻花针上的2针下针。

围巾的编织

起 26 针。

织 2 行下针。

编织麻花花样的 1~8 行 30 次，或者到需要的长度，留 1.8 米长的线。

织 2 行下针。

织下针平收全部的针。

收尾

编织结束后定型到成品尺寸。

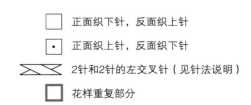

正面织下针，反面织上针

· 正面织上针，反面织下针

2针和2针的左交叉针（见针法说明）

花样重复部分

麻花花样图

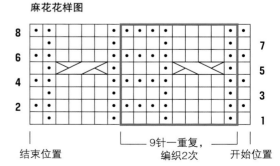

结束位置　　　　9针一重复，　　　开始位置
　　　　　　　　编织2次

设计师：维罗妮卡·帕森斯

周末
蕾丝围脖

　　这款蕾丝围脖混合了加针、减针和全平针的针法。编织起来非常快，而且仅用了1团线。所以在周末游玩、在飞机或者火车上的时候不妨带上它。

成品尺寸

周长 57cm，宽 29cm。

线材

精纺纱线（4 号中粗纱线）。

样品：选用的是喀斯喀特纱线公司生产的太平洋线（40% 的超级水洗美利奴羊毛，60% 丙烯酸；195m/100g）：16 号春绿色 1 绞。

用针

美制 8 号（5mm）：40cm 长的环针。

为使织物达到标准密度，可以适当地调整用针。

其他工具

记号针、毛线缝针。

密度

编织花样 B 的密度 $10cm^2$=19 针 × 23.5 行。

围脖的编织

起 108 针，放入记号针，开始环形编织，注意编织的时候不要织拧了。

一圈上针。

一圈下针。

编织花样 A 的第 1~11 圈。

编织花样 B 的第 1~8 圈 6 次。

编织花样 A 的第 1~11 圈 1 次。

一圈下针。

一圈上针。

松松地平收全部的针。

收尾

编织结束后定型到成品尺寸。

□	下针
·	上针
○	空加针
＼	右下2针并1针
／	下针2针并1针
□	花样重复部分

花样A

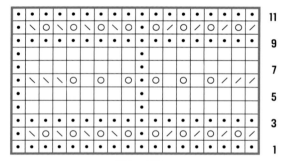

18针一重复

花样B

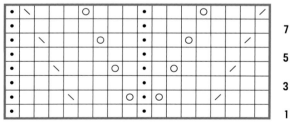

18针一重复

在边缘
花样小披肩

　　麻花、罗纹和桂花针完美结合的小披肩，运用了花样的大量技术。不对称的底部边缘很意外地运用了对比色。

设计师：菲娜·戈比斯坦

成品尺寸

底部的曲线长度147.5cm，颈部曲线长度56.5cm，围脖周长86.5cm，长边的长度26.5cm，短边的长度18.5cm。

线材

精纺纱线（4号中粗纱线）。

样品：选用的是喀斯喀特纱线公司生产的太平洋线（40%的超级水洗美利奴羊毛，60%丙烯酸；195m/100g）：21号碧绿色（主色线）3绞、43号深红色（配色线）1绞。

用针

美制5号（3.75mm）40cm和80cm长的环针和一根双头棒针。

为使织物达到标准密度，可以适当地调整用针。

其他工具

记号针、麻花针、直径22mm的扣子3粒、毛线缝针。

密度

编织麻花花样的密度10cm²=25针×28行。

编织2针下针，1针上针的罗纹针密度10cm²=20针×26行。

编织桂花针和全平针条纹的密度10cm²=19针×32行。

注意

前面桂花针的带子和围脖主体一起编织，用嵌花的方法来换色。

每个色区用一团单独的线。每行换色的时候，要把两个颜色的线绞一下再编织，以避免交换位置出现小洞。

69

针法说明

2/2 LC（2针和2针的左交叉针）：滑2针到麻花针，然后放在织物的前方，织左手棒针上的2针下针，然后织麻花针上的2针下针。

3/3 LC（3针和3针的左交叉针）：滑3针到麻花针，然后放在织物的前方，织左手棒针上的3针下针，然后织麻花针上的3针下针。

3/3 LC dec（3针和3针左交叉的减针）：滑3针到麻花针，然后放在织物的前方，织左手棒针上的下针2针并1针，1针下针；然后织麻花针上1针下针，下针2针并1针。

K2,P1 RIB（2针下针，1针上针的罗纹针，4的倍数）

第1圈：*2针下针，1针上针；重复*之后的织法到一圈结束。

重复这一圈的织法。

SEED STITCH（桂花针，偶数针）

第1行（反面）：线在织物前方滑1针，*1针上针，1针下针；重复*之后的织法到最后一针，1针下针。

第2行：线在织物前方滑1针，*1针下针，1针上针；重复*之后的织法到最后一针，1针下针。

重复第1、2行的织法。

小披肩的编织

用80cm长的环针和配色线，起296针。起针行不计算在行数内。

编织7行桂花针，反面结束。

下一行（正面）：用配色线，线在织物前方滑1针，（1针下针，1针上针）3次，换主色线编织下针到最后7针的位置，用另一团配

色线，编织（1针下针，1针上针）3次，1针下针。

第1行（排列花样行，反面）：用配色线，线在织物前方滑1针，（1针上针，1针下针）3次，换主色线编织*3针下针，6针上针；重复*之后的织法到最后10针，3针下针；用配色线，编织（1针上针，1针下针）3次，1针下针。

第2行（正面）：用配色线，线在织物前方滑1针，（1针下针，1针上针）3次，换主色线编织花样第2行到最后19针的位置，编织花样第2行前12针的花样1次；用配色线，编织（1针下针，1针上针）3次，1针下针。

第3行（反面）：用配色线，线在织物前方滑1针，（1针上针，1针下针）3次，换主色线编织花样第3行后12针的花样，再重复编织花样的18针到最后7针的位置；用配色线，编织（1针下针，1针上针）3次，1针下针。

第4~29行：不加不减根据花样图解编织。

第30行（减针行，正面）：用配色线，线在织物前方滑1针，（1针下针，1针上针）3次，换主色线编织*1针上针，上针2针并1针，6针下针；重复*之后的织法到最后7针的位置；用配色线，编织（1针下针，1针上针）3次，1针下针——264针。

第31~37行：不加不减根据花样图解编织。

第38行（减针行，正面）：用配色线，线在织物前方滑1针，（1针下针，1针上针）3次，换主色线编织*上针2针并1针，6针下针；重复*之后的织法到最后7针的位置；用配色线，编织（1针下针，1针上针）3次，1针下针——232针。

第39~41行：不加不减根据花样图解编织。

第42行（减针行，正面）：用配色线，线在织物前方滑1针，（1针下针，1针上针）3次，换主色线编织*1针上针，6针下针，1针上针，上针2针并1针，（1针下针，1针上针

针）2次；重复*之后的织法到最后15针的位置，1针上针，6针下针，1针上针；用配色线，编织（1针下针，1针上针）3次，1针下针——217针。

注意：在继续编织之前请认真阅读。在引返编织围脖颈部位置的同时要减针。

颈部的减针

第1组引返编（第43~44行）：编织到最后10针的位置，裹住下一针，翻面；编织到一行结束。

第2组引返编（第45~46行）：编织到最后15针的位置，裹住下一针，翻面；编织到一行结束。

第3组引返编（第47~48行）：编织到最后20针的位置，裹住下一针，翻面；编织到一行结束——减了28针。

第4组引返编（第49~50行）：编织到最后25针的位置，裹住下一针，翻面；编织到一行结束。

第5组引返编（第51~52行）：编织到最后30针的位置，裹住下一针，翻面；编织到一行结束——减了14针。

第6组引返编（第53~54行）：编织到最后35针的位置，裹住下一针，翻面；编织到一行结束——减了14针。

第7组引返编（第55~56行）：编织到最后40针的位置，裹住下一针，翻面；编织到一行结束。

第8组引返编（第57~58行）：编织到最后45针的位置，裹住下一针，翻面；编织到一行结束——减了12针。

第9组引返编（第59~60行）：编织到最后50针的位置，裹住下一针，翻面；编织到一行结束——减了23针。

第10组引返编（第61~62行）：编织到最后

55针的位置，裹住下一针，翻面；编织到一行结束。

第11组引返编（第63~64行）： 编织到最后60针的位置，裹住下一针，翻面；编织到一行结束。

第12组引返编（第65~66行）： 编织到最后65针的位置，裹住下一针，翻面；编织到一行结束——余126针。

下一行（反面）： 编织到一行结束。在织到裹针位置时，要把裹针挑起一起编织，在一行的结束位置减1针——余125针。换40cm长的环针编织。

衣领的编织

下一圈（正面）： 编织14针，然后穿到双头棒针上，根据花样图解继续编织到最后14针位置，剪断配色线。面对织物正面，把余下的针穿入另一个双头棒针，把短的一边的反面盖住长的一边的正面。平行拿住2组针，在右手棒针圈开始的位置放入记号针，开始环形编织。

下一圈： 只用主色线（第1根双头棒针上的1针和第2根双头棒针上的1针相互对应，，一起织下针）14次，再按照排好的罗纹针编织到一圈结束——111针。

下一圈： *1针上针，2针下针；重复*之后的织法到一起结束。

重复最后一圈的织法，直到罗纹尺寸5cm。

注意： 面对衣领的反面编织。在换色或者加入新的一绞线的时候，确保结尾在反面。

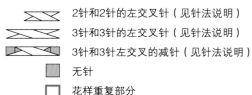

□	正面织下针，反面织上针
·	正面织上针，反面织下针
╱	下针2针并1针
╲	上针2针并1针

第1圈： *1针下针，1针上针；重复*之后的织法到一圈结束。

第2圈： *1针上针，1针下针；重复*之后的织法到一圈结束。

第3~6圈： 重复第1、2圈的织法2次。

第7~12圈： 全部织上针。

第13~24圈： 重复第1~12圈的织法，同时在最后一圈均匀地加11针——122针。

第25~30圈： 重复第1、2圈的织法3次。

第31~35圈： 全部织上针，同时在最后一圈均匀地加10针——132针。

第36圈： 换配色线，织一圈上针。

第37~42圈： 配色线，重复第1、2圈的织法3次。

第43圈： 配色线，织一圈上针。

第44~48圈： 换主色线全部织上针，同时在最后一圈均匀地加10针——142针。

第49~54圈： 用主色线重复第1、2圈的织法3次。

第55~59圈： 用主色线全部织上针。

第60圈： 换配色线织一圈上针。

第61~66圈： 用配色线，重复第1、2圈的织法3次。

织下针松松地平收掉全部的针。

收尾

编织完成后定型到成品尺寸。穿过两层，缝3粒扣子到围脖短的一边位置上。

╳	2针和2针的左交叉针（见针法说明）
╳	3针和3针的左交叉针（见针法说明）
╳	3针和3针左交叉的减针（见针法说明）
▨	无针
□	花样重复部分

麻花花样

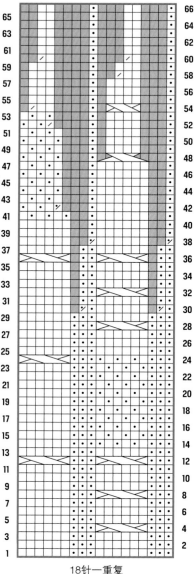

18针一重复

设计师：安吉拉·唐

装饰艺术
假麻花围巾

　　一款混合了简单上针、下针编织的优雅围巾。依靠在行的中间平收针来产生一个开放的空间，是这款假麻花花边围巾的亮点。完全可逆的花样看上去十分复杂，实际却很简单。

成品尺寸

长 147.5cm，宽 15cm。

线材

粗纺纱线（5 号粗纱线）。

样品：选用的是喀斯喀特纱线公司生产的太平洋粗纱线（40% 的超级水洗美利奴羊毛，60% 丙烯酸；110m/100g）：15 号灰褐色 2 绞。

用针

美制 10.5 号（6.5mm）的棒针。

为使织物达到标准密度，可以适当地调整用针。

其他工具

毛线缝针。

密度

编织格子花样的密度 $10cm^2$=16 针 × 16 行。

注意

当要起新的针时，用卷针起针的方法（见术语表）。

针法说明

格子花样

第1、3行：6针下针，[6针上针，3针下针]2次。

第2、4行：9针下针，3针上针，6针下针，3针上针，3针下针。

第5行：3针下针，下针入针方向滑1针，2针下针，将滑针套过左侧的针，起4针，织上针平收5针（平收后留下的1针在右手棒针上）；起2针，织下针平收2针（平收后留下的1针在右手棒针上）；起5针，织上针平收4针（平收后留下的1针在右手棒针上）；起1针，1针上针，3针下针。

重复第1~5行的织法。

围巾的编织

起24针，织4行下针。

编织格子花样第1~5行44次，然后织花样的1~4行1次。

织4行下针。织下针平收全部的针。

收尾

编织结束后定型到成品尺寸。

最后的冰霜
蕾丝小披肩

漂亮地组合了棋盘状花朵蕾丝花样和全平针花样的效果，即便在隆冬时节也能看到春天的痕迹。本款披肩由从下往上环形编织而成，有罗纹针的领口，在寒流还在门外徘徊的时候，依旧温暖着你的颈部。松松地穿上它或者把它拉下到你的肩部，会带来两种不同的风格。

设计师：琳达·麦蒂娜

成品尺寸

完成的胸围尺寸是 96（105，113，131）cm。展示的是 96cm。

从颈部位置量取的长度是 29（31，32.5，33.5）cm。

线材

粗纺纱线（5 号粗纱线）。

样品： 选用的是喀斯喀特纱线公司生产的太平洋粗纱线（40% 的超级水洗美利奴羊毛，60% 丙烯酸；110m/100g）：23 号灰调的绿松石色 3（3，4，4）绞。

用针

美制 10 号（6mm）：60cm 和 74cm 长的环针。

美制 11 号（8mm）：40cm 长的环针，为使织物达到标准密度，可以适当地调整用针。

其他工具

记号针、毛线缝针。

密度

编织全上针的密度 $10cm^2$＝14 针 ×20 行。

注意

开始的时候是用长的环针编织，当针数越来越少，用长环针不方便的时候，换成短的环针编织。

一圈开始的位置加入记号针，每次织到记号针位置的时候，把它滑过即可。

针法说明

S2kp（中下3针并1针）：类似织下针2针并1针的方向入针，一起滑2针，织1针下针，然后将滑的2针一起套过下针。

小披肩的编织

底部花边

用74cm长的6mm滑针起132（144，156，180）针。在圈的开始位置加入记号环，开始环形编织，注意编织的时候不要织拧了。

第1圈：全部织上针。

第2圈：全部织下针。

重复第1、2圈的织法2（2，3，4）次。

仅 96（105）cm 尺寸的

重复第1圈的织法1次。

主体的编织

第1圈：*3针上针，3针下针，空加针，中下3针并1针，空加针，3针下针；重复*之后织法到一圈结束。

第2和所有的偶数圈：下针和空加针织结合处，上针织旋涡图案。

第3圈：*3针上针，1针下针，下针2针并1针，空加针，3针下针，空加针，右下2针并1针，1针下针；重复*之后织法到一圈结束。

第5圈：重复第1圈的织法。

第7圈：全部织下针。

第9圈：*空加针，中下3针并1针，空加针，3针下针，3针上针，3针下针；重复*之后织法到一圈结束。

第11圈：*3针下针，空加针，右下2针并1

针，1针下针，3针上针，1针下针，下针2针并1针，空加针；重复*之后织法到一圈结束。

第13圈：重复第9圈的织法。

第15圈：全部织下针。

第17~20圈：重复第1~4圈的织法。

第21圈（减针圈）：*3针上针，右下2针并1针，1针下针，空加针，中下3针并1针，空加针，1针下针，下针2针并1针；重复*之后的织法到一圈结束——余下110（120，130，150）针。

第23圈：全部织下针。

第25圈：*空加针，中下3针并1针，空加针，2针下针，3针上针，2针下针；重复*之后的织法到一圈结束。

第27圈：*3针下针，空加针，右下2针并1针，3针上针，下针2针并1针，空加针；重复*之后的织法到一圈结束。

第29圈：重复第25圈的织法。

第31圈：全部织下针。

第33圈：*3针上针，2针下针，空加针，中下3针并1针，空加针，2针下针；重复*之后的织法到一圈结束。

第35圈：*3针上针，下针2针并1针，空加针，3针下针，空加针，右下2针并1针；重复*之后的织法到一圈结束。

第37圈：重复第33圈的织法。

第39圈：全部织下针。

第41~48圈：重复第25~32圈的织法。

第49圈（减针圈）：*上针2针并1针，1针上针，2针下针，空加针，中下3针并1针，空加针，2针下针；重复*之后的织法到一圈结束——余99（108，117，135）针。

第51圈：*2针上针，下针2针并1针，空加针，3针下针，空加针，右下2针并1针；重复*之后的织法到一圈结束。

第53圈（减针圈）：*上针2针并1针，2针下针，空加针，中下3针并1针，空加针，2针下针；重复*之后的织法到一圈结束——余88（96，104，120）针。

第54圈：重复第2圈的织法。96cm尺寸的织到这里为止。

仅 105（113，131）cm 尺寸

第55圈：全部织下针。

第57圈：*中下3针并1针，空加针，2针下针，1针上针，2针下针，空加针；重复*之后的织法到一圈结束。

第58圈：重复第2圈的织法。105cm尺寸的织到这里为止。

仅 113（131）cm 尺寸

第59圈：*2针下针，空加针，右下2针并1针，1针上针，下针2针并1针，空加针，1针下针；重复*之后的织法到一圈结束。113尺寸的织到这里为止。

仅 131cm 尺寸

第60圈（减针圈）：*下针2针并1针，2针下针，1针上针，3针下针；重复*之后的织法到最后8针，下针2针并1针，2针下针，1针上针，1针下针，下针2针并1针——余104针。

颈部的编织

第1圈：*2针下针，2针上针；重复*之后的织法到一圈结束。

重复最后一圈的织法8（8，10，12）次。

换8mm的环针再编织9（9，11，13）圈。

平收全部的针。

收尾

编织完成后定型到成品尺寸。

蒙德里安
嵌花围巾

巧妙的色块和上下针的设计，将引领你从一个嵌花的新手变成专家。加入一些流苏，让它看起来如同一幅完美的画作。

设计师：雅丽娜·卡罗尔

成品尺寸

宽 16cm，长 117cm，不包含流苏。流苏长 12.5cm。

线材

精纺纱线（4 号中粗纱线）。

样品：选用的是喀斯喀特公司生产的太平洋线（40% 的超级水洗美利奴羊毛，60% 丙烯酸；195m/100g）：21 号碧绿色（主色）1 绞、36 号圣诞红（A 色）1 绞、40 号孔雀蓝（B 色）1 绞、51 号金银花红（C 色）1 绞、25 号橘红色（D 色）1 绞、33 号仙人掌绿（E 色）1 绞、12 号黄色（F 色）1 绞。

用针

美制 7 号（4.5mm) 的棒针。

为使织物达到标准密度，可以适当地调整用针。

其他工具

毛线缝针。

密度

编织上下针的密度 $10cm^2$=18.5针 × 25行。

注意

这款围巾是运用嵌花的方法来变换颜色的。每个颜色区域用单独的一卷线进行。在每行换色的位置，两个颜色的线要交叉绞一下，避免出现小洞。

每行的第一针都是线在织物的前方，然后滑针，最后一针都编织下针。不管怎样，在每行开始变换颜色的时候，新的颜色第一行的第一针都织下针。

围巾的编织

用主色线，起30针。

第1~5行：全部织下针。

第6行：C色线织17针下针，然后主色线织13针下针。

第7行：主色线织13针下针，C色线织17针下针。

第8~10行：重复第6、7行的织法一次，然后重复第6行织法一次。

第11行：主色线织23针下针，F色线织7针下针。

第12行：F色线织7针下针，主色线织23针下针。

第13~16行：重复第11、12行的织法2次。

第17行：主色线织10针下针，D色线织20针下针。

第18行：D色线织20针下针，主色线织10针下针。

第19~21行：重复第17、18行的织法1次，然后重复第17行织法1次。

第22行：B色线织13针下针，主色线织17针下针。

第23行：主色线织17针下针，B色线织13针下针。

第24~29行：重复第22、23行的织法3次。

第30、32行：A色线织19针下针，主色线织11针下针。

第31行：主色线织11针下针，A色线织19针下针。

第33行：主色线织6针下针，C色线织24针下针。

第34行：C色线织24针下针，主色线织6针下针。

第35~37行：重复第33、34行的织法1次，然后重复第33行织法1次。

第38、40行：A色线织24针下针，主色线织6针下针。

第39行：主色线织6针下针，A色线织24针下针。

第41~55行：主色线全部织下针。

第56行：主色线织23针下针，F色线织7针下针。

第57行：F色线织7针下针，主色线织23针下针。

第58~76行：重复第56、57行的织法9次，然后重复第56行织法1次。

第77行：主色线织19针下针，E色线织11针下针。

第78行：E色线织11针下针，主色线织19针下针。

第79、80行：重复第77、78行的织法。

第81行：B色线织16针下针，主色线织14针下针。

第82行：主色线织14针下针，B色线织16针下针。

第83、84行：重复第81、82行的织法。

第85行：C色线织14针下针，主色线织16针下针。

第86行：主色线织16针下针，C色线织14针下针。

第87~89行：重复第85、86行的织法1次，然后重复第85行织法1次。

第90行：主色线织11针下针，A色线织19针下针。

第91行：A色线织19针下针，主色线织11针下针。

第92、93行：重复第90、91行的织法。

第94、95行：主色线织下针。

第96行：主色线织21针下针，D色线织9针下针。

第97行：D色线织9针下针，主色线织21针下针。

第98~113行：重复第96、97行的织法8次。

第114行：A色线织15针下针，主色线织15针下针。

第115行：主色线织15针下针，A色线织15针下针。

第116行：主色线织21针下针，E色线织9针下针。

第117行：E色线织9针下针，主色线织21针下针。

第118、119行：重复第116、117行的织法。

第120行：B色线织12针下针，主色线织18针下针。

第121行：主色线织18针下针，B色线织12针下针。

第122~124行：重复第120、121行的织法1次，然后重复第120行的织法1次。

第125行：主色线织25针下针，C色线织5针下针。

第126行：C色线织5针下针，主色线织25针下针。

第127~153行：重复第125、126行的织法13次，然后重复第125行织法1次。

第154、156行：主色线织20针下针，F色线织10针下针。

第155行：F色线织10针下针，主色线织20针下针。

第157行：主色线织15针下针，D色线织15针下针。

第158行：D色线织15针下针，主色线织15针下针。

第159~166行：重复第157、158行的织法4次。

第167行：C色线织5针下针，主色线织25针下针。

下针。

第168行：主色线织25针下针，C色线织5针下针。

第169~177行：重复第167、168行的织法4次，然后重复第167行织法1次。

第178行：A色线织5针下针，主色线织25针下针。

第179行：主色线织25针下针，A色线织5针下针。

第180~195行：重复第178、179行的织法8次。

第196行：主色线织25针下针，C色线织5针下针。

第197行：C色线织5针下针，主色线织25针下针。

第198~208行：重复第196、197行的织法5次，然后重复第196行织法1次。

第209行：E色线织11针下针，主色线织19针下针。

第210行：主色线织19针下针，E色线织11针下针。

第211~213行：重复第209、210行的织法1次，然后重复第209行织法1次。

第214行：主色线织14针下针，A色线织16针下针。

第215行：A色线织16针下针，主色线织14针下针。

第216行：D色线织22针下针，主色线织8针下针。

第217行：主色线织8针下针，D色线织22针下针。

第218、219行：重复第216、217行的织法。

第220行：主色线织18针下针，B色线织12针下针。

第221行：B色线织12针下针，主色线织18针下针。

第222~225行：重复第220、221行的织法2次。

第226行：C色线织7针下针，主色线织23针下针。

第227行：主色线织23针下针，C色线织7针下针。

第228~234行：重复第226、227行的织法3次，再重复第226行的织法1次。

第235~254行：主色线织下针。

第255行：F色线织14针下针，主色线织16针下针。

第256行：主色线织16针下针，F色线织14针下针。

第257~260行：重复第255、256行的织法2次。

第261、263行：主色线织12针下针，A色线织18针下针。

第262行：A色线织18针下针，主色线织12针下针。

第264行：主色线织22针下针，D色线织8针下针。

第265行：D色线织8针下针，主色线织22针下针。

第266~270行：重复第264、265行的织法2次，再重复第264行的织法1次。

第271行：E色线织13针下针，主色线织17针下针。

第272行：主色线织17针下针，E色线织13针下针。

第273、274行：重复第271、272行的织法。

第275行：主色线织14针下针，B色线织16针下针。

第276行：B色线织16针下针，主色线织14针下针。

第277、278行：重复第275、276行的织法。

第279行：主色线织5针下针，C色线织25针下针。

第280行：C色线织25针下针，主色线织5针下针。

第281、282行：重复第279、280行的织法。

第283~286行：主色线织下针。

织下针平收全部的针。

收尾

编织完成后定型到成品尺寸。

按如下分配，剪60条线，每条长度25.5cm：43条主色线，2条A色线，8条B色线，4条C色线和3条E色线。

按如下规律，一条线做一条流苏系到围巾窄的两端上：一端2条主色线，4条B色线，3条E色线，4条B色线，17条主色线；另一端20条主色线，2条C色线，2条A色线，2条C色线，4条主色线。整理好流苏的长度。

设计师：琳恩·威尔逊

滑针提花
双色围脖

　　这款舒适的围脖能保护你的颈部温暖又舒适，还可以卷起塞进外套衣领里抵御寒风。它看上去貌似很复杂，其实织法很简单，因为双色线的位置是可逆的。在围脖的上半部分，亮色占主导地位，下半部的深色看上去就好像是它的阴影一样。

成品尺寸

底部边缘的周长 73.5cm，上部边缘的周长 61cm，长 26.5cm。

线材

粗纺纱线（5 号粗纱线）。

样品： 选用的喀斯喀特纱线公司生产的太平洋粗纱线（40% 的超级水洗美利奴羊毛，60% 丙烯酸；110m/100g）：42 号深咖啡色（A 色）2 绞、1 号奶白色（B 色）2 绞。

用针

美制 10.5 号（6.5mm）：60cm 长的环针。

为使织物达到标准密度，可以适当地调整用针。

其他工具

记号针、毛线缝针。

密度

编织滑针 1 或者 2 的密度 10cm² =13.5 针 ×26 行。

注意

滑针编织的时候，带过滑针的线不要拉得太紧。

针法说明

滑针花样1

第1圈： 用B色线，*1针上针，挂线在织片前方滑针；重复*之后的织法到一圈结束。

第2圈： 用B色线，*1针下针，1针上针；重复*之后的织法到一圈结束。

第3、4圈： 用A色线织下针。

重复第1~4圈的织法。

滑针花样2

第1圈： 用A色线，*1针上针，挂线在织片前方滑针；重复*之后的织法到一圈结束。

第2圈： 用A色线，*1针下针，1针上针；重复*之后的织法到一圈结束。

第3、4圈： 用B色线织下针。

重复第1~4圈的织法。

围脖的编织方法

用A色线，起98针。一圈开始的位置加入记号环，开始环形编织。注意编织的时候不要织拧了。

第1、2圈： 用A色线，织上针。

第3圈： 用B色线，织下针。

*编织滑针花样1第1~4圈的织法，然后编织第1~3圈的织法1次。

下一圈（减针圈）： 在第4圈开始的时候织下针2针并1针2次——减了2针。

重复*之后的织法2次——余92针。

不加不减织7圈。

下一圈（减针圈）： 用A色线，上针2针并1针2次，上针织到一圈结束——90针。

用B色线，不加不减织2圈下针。

*编织滑针花样2第1~4圈的织法，然后编织第1~3圈的织法1次。

下一圈（减针圈）： 在第4圈开始的时候织下针2针并1针2次——减了2针。

重复*之后的织法2次——余84针。

不加不减织3圈。

下一圈（减针圈）： 用B色线，上针2针并1针2次，上针织到一圈结束——82针。

不加不减织2圈上针。

用B色线，织下针平收全部的针。

收尾

编织结束后，如果需要，定型到成品尺寸。

篮子编织
编织针法的围巾

简单的编篮技术编织，这会让刚接触编织的人为之疯狂。用这款混色线，简单的上、下针混合，就能够很好的展示出印花布的效果。

设计师：詹妮丝·盖瑞

成品尺寸

长 139.5cm，宽 17cm。

线材

粗纺纱线（5 号粗纱线）。

样品： 选用的是喀斯喀特纱线公司生产的太平洋多股粗纱线（40% 的超级水洗美利奴羊毛，60% 丙烯酸；110m/100g）：610 号蓝鸟色 2 绞。

用针

美制 10 号（6mm）的棒针。

为使织物达到标准密度，可以适当地调整用针。

其他工具

毛线缝针。

密度

编织结构花样的密度 $10cm^2$=15.5 针 × 17.5 行。

针法说明

编织结构花样

第1、5行（正面）： 全部织下针。

第2、6行（反面）： 1针下针，24针上针，1针下针。

第3行： （2针下针，6针上针）3次，2针下针。

第4行： 1针下针，（1针上针，6针下针，1针上针）3次，1针下针。

第7行： 1针下针，（3针上针，2针下针，3针上针）3次，1针下针。

第8行： 4针下针，（2针上针，6针下针）2次，2针上针，4针下针。

重复第1~8行的织法。

围巾的编织

起26针。

织2行下针。

编织结构花样第1~8行30次，或者到你需要的长度。

织2行下针。

织下针平收全部的针。

收尾

编织结束后定型到成品尺寸。

舒适的毛衣、披肩和开衫

你是否讨厌寒冷的季节？

用你的针和线编织一些超软的用品，

会让你感觉舒服一些。

来自传统风格和现代剪影的优雅设计，

可以满足所有的体型和尺寸，

你可以为任何季节都准备一些。

设计师：埃尔斯佩思·库什

可爱丁香花
罗纹针开衫

　　穿上这款甜美的开衫进入春天。整体编织没有接缝，自上而下全部运用1×1的单罗纹针。喇叭形的花边弯折形成自然的袖洞，再挑织出袖山而无需再加入其他附加的装饰。

成品尺寸

宽 63.5（70.5，77.5，84，91）cm。
样品展示的尺寸是 63.5cm。

线材

粗纺纱线（5号粗纱线）。

样品： 选用的是喀斯喀特纱线公司生产的太平洋粗纱线（40%的超级水洗美利奴羊毛，60%丙烯酸；110m/100g）：26号薰衣草紫色 4（5，5，6，6）绞。

用针

美制10.5号（6.5mm）：80cm长的环针。

为使织物达到标准密度，可以适当地调整用针。

其他工具

6个可取掉或者可锁上的记号针、毛线缝针。

密度

编织 1×1 单罗纹针的密度 $10cm^2$=18 针 ×17.5 行。

针法说明

1×1单罗纹针（2的倍数+1针）

第1行（正面）： 1针下针，*1针上针，1针下针；重复*之后的织法到一行结束。

第2行（反面）： 1针上针，*1针下针，1针上针；重复*之后的织法到一行结束。

重复第1、第2行的织法。

褶裥罗纹针（3的倍数+1针）

第1行（正面）： 1针下针，*2针上针，1针下针；重复*之后的织法到一行结束。

第2行（反面）： 1针上针，*1针上针，2针下针；重复*之后的织法到一行结束。

重复第1、第2行的织法。

开衫的编织

起113（125，137，149，161）针，起针行不计算在行数内。

编织1×1单罗纹针直到尺寸为17（18，19.5，21.5，23.5）cm。在最后一行的两端加入记号针。

按照排好的花样编织，直到尺寸为38.5（40.5，44，47，50）cm。在最后一行的两端加入记号针。

按照排好的花样编织，直到尺寸为45.5（48.5，53.5，58.5，63.5）cm，反面行结束。

下一行（加针行，正面）： 1针下针，*绕加针，1针上针，1针下针；重复*之后的织法到一行结束——169（187，205，223，241）针。

编织10cm长的褶裥罗纹针；此时织物的尺寸大约是56（58.5，63.5，68.5，73.5）cm。平收全部的针。

袖子的编织

面对织物正面，在记号针位置之间，沿着边缘挑31（33，37，39，43）针。挑针行不计算在行数内。

编织1×1单罗纹针直到袖子尺寸10（12.5，15，16.5，18）cm。平收全部的针。

收尾

编织完成后，小心地定型到需要尺寸。缝合肋下接缝。注意袖子不要缝合。

将"军"
滑针编织的披肩

最基本结构的披肩，在下针行之间运用色彩编织上针滑针，这点很新奇。从披肩的尖端开始，在边缘转圈编织了一圈包边。这款优雅的披肩在整个冬季都能温暖着你。

设计师：玛丽·贝丝·坦普尔

成品尺寸

沿着中心位置量长度是76cm，顶部宽150cm，包含装饰边。

线材

粗纺纱线（5号粗纱线）。

样品：选用的是喀斯喀特纱线公司生产的太平洋粗纱线（40%的超级水洗美利奴羊毛，60%丙烯酸；110m/100g）：30号奶咖色（主色）4绞、44号意大利紫红色（配色）2绞。

用针

美制11号（8mm）91cm或者更长一点的环针和2根组的双头棒针。

为使织物达到标准密度，可以适当地调整用针。

其他工具

可拆除的记号针、毛线缝针。

密度

编织花样针法的密度10cm² = 13.5针 × 19行。

注意

滑针全部是上针方向滑针。

可拆除的记号针用在中心针的位置，根据编织进程的推移来移动。一旦花样定型后，根据需要可以拿掉记号针。

披肩的编织

用环针和主色线，起3针。

第1行（反面）：空加针，上针织到一行结束——4针。

第2行（正面）：空加针，1针下针，空加针，1针下针，空加针，2针下针——7针。

第3行：重复第1行的织法——8针。

第4行：空加针，3针下针，空加针，1针下针，空加针，4针下针——11针。

第5行：重复第1行的织法——12针。

第6行：空加针，编织到中心1针，空加针，1针下针，空加针，下针到一行结束——15针。

第7~9行：重复第5、6行的织法，然后重复第5行的织法1次——20针。

第10行：用配色线，空加针，1针下针，（线在织物后方滑1针，1针下针）重复到中心一针，空加针，1针下针，空加针，（1针下针，线在织物后方滑1针）重复到一行结束——23针。

第11行：空加针，下针织下针，滑针依然是挂线在织物前方滑针——24针。

第12行：用主色线，重复第6行的织法——27针。

第13行：重复第1行的织法——28针。

第14、15行：重复第12、13行的织法——32针。

第16行：用配色线，空加针，线在织物后方滑1针，（1针下针，线在织物后方滑1针）重复到中心一针，空加针，1针下针，空加针，（线在织物后方滑1针，1针 下针）重复到一行结束——35针。

第17行：重复第11行的织法——36针。

换主色线，重复第6~17行的织法，直到中心位置长度73.5cm。结束在花样的第9行或者第15行。加针的规律是每个正面行加3针，每个反面行加1针。把所有的针穿到一根废线上。

花边

用环针和主色线，面对织物的正面开始，沿着顶部边缘挑121针。

换双头棒针和配色线，起3针。

第1行：3针下针，滑环针上主色线的1针到双头棒针的左侧末端，然后把双头棒针上所有针都滑到针的右侧。

第2~4行：2针下针，下针2针并1针，滑环针上主色线的1针到双头棒针的左侧末端，然后把双头棒针上所有针都滑到针的右侧。

第5行：2针下针，下针2针并1针，滑所有的针到双头棒针的右侧。

沿着顶部边缘位置重复第1~5行的织法，直到环针上剩下最后1针主色线。不要滑这针到双头棒针上，直接滑所有的针到双头棒针的右侧。

斜边

第1行：3针下针，滑所有的针到双头棒针的右侧。

第2行：3针下针，滑环针上主色线的1针到双头棒针的左侧末端，然后把双头棒针上所有针都滑到针的右侧。

第3行：2针下针，下针2针并1针，滑所有的针到双头棒针的右侧。

第4行：3针下针，滑所有的针到双头棒针的右侧。

把废线上的针穿回到环针上。

第5行：3针下针，滑环针上主色线的1针到双头棒针的左侧末端，然后把双头棒针上所有针都滑到针的右侧。

第6行：2针下针，下针2针并1针，滑环针上主色线的1针到双头棒针的左侧末端，然后把双头棒针上所有针都滑到针的右侧。

沿着披肩的边缘重复第6行的织法直到斜边底部中心一针的位置；不要滑这针到双头棒针。

再沿着披肩另一侧斜边的边缘，重复第1~6行的织法，再重复第6行的织法到环针上主色线只剩下1针。不要滑这针到双头棒针上。

重复第1~4行的织法。留30.5cm的线头，然后断线。

收尾

移剩下的3针到起针位置，然后包边编织平收掉。

编织完成后定型到成品尺寸。

回复本原

全平针背心

　　这款经典的全平针背心将带给你一片秋天的气息。底部和门襟的边缘均采用罗纹针，开襟设计更方便运动和锻炼、敞开或者扣上都可以，适合各种体型和尺寸的穿着。

设计师：罗兰·切伦斯基

成品尺寸

胸围 81.5（91.5，101.5，112）cm。成品展示的尺寸是 81.5cm。

线材

粗纺纱线（5 号粗纱线）

样品： 选用的是喀斯喀特纱线公司生产的太平洋粗纱线（40% 的超级水洗美利奴羊毛，60% 丙烯酸；110m/100g）：69 号海军蓝 3（3，4，4）绞。

用针

美制 11 号（8mm）棒针。

为使织物达到标准密度，可以适当地调整用针。

其他工具

毛线缝针、直径 19mm 的扣子 4 粒。

密度

编织全平针的密度 10cm^2=12 针 × 17 行。

右前片的编织

起17（20，23，26）针。

第1行（反面）：*2针下针，2针上针；重复*之后的织法到最后1（0，3，2）针，1（0，2，2）针上针，0（0，1，0）针下针。

第2行（加针行）：在同一针里织1针上针，一针扭针上针1（0，0，1）次，0（0，0，1）针上针，在同一针里织1针下针，1针扭针下针0（1，1，0）次，0（1，0，0）针下针，0（2，2，0）针上针，*2针下针，2针上针；重复*之后的织法到一行结束——加了1针。

重复最后两行的织法6次，编织罗纹针的同时加针——24（27，30，33）针。织片尺寸大约8.5cm。

下一行（反面）：全部上针编织。

下一行（正面）：全部下针编织。

继续编织全平针直到织片尺寸为24cm，在正面行结束。

袖口的减针

在织物反面边缘平收4针1次，3针1次，1针2（3，4，5）次，完成后织片尺寸25（25.5，26，26.5）cm，在反面行结束。

领的编织

下一行（正面）：右下2针并1针，然后下针编织到一行结束——领边减了1针。

继续保持袖口减针的同时，重复领边的减针。每2行减1针0（1，2，3）次，然后每4行减1针8次——所有减针完成后，余6（7，8，9）针。

不加不减到织片距开始位置46.5（48.5，50，52）cm，平收剩下的针。

左前片的编织

起17（20，23，26）针。

第1行（反面）：1（0，0，2）针下针，2（2，1，2）针上针，*2针下针，2针上针；重复*之后的织法到最后2针，2针下针。

第2行（加针行）：*2针上针，2针下针；重复*之后的织法到最后1（4，3，2）针，0（2，2，1）针上针，在同一针里织1针上针，一针扭针上针1（0，0，1）次，0（1，0，0）针下针，在同一针里织1针下针，1针扭针下针0（1，1，0）次——加了1针。

重复最后两行的织法6次，编织罗纹针的同时加针——24（27，30，33）针。织片尺寸大约8.5cm。

下一行（反面）：全部织上针。

下一行（正面）：全部织下针。

继续编织全平针直到织片尺寸24cm，在反面行结束。

袖口的减针

在织物正面边缘平收4针1次，3针1次，1针2（3，4，5）次，完成后织片尺寸25（25.5，26，26.5）cm，在反面行结束。

领的编织

下一行（正面）：下针编织到最后2针，下针2针并1针——领部边缘减了1针。

继续保持袖口减针的同时，重复领边的减针，每2行减1针减0（1，2，3）次，然后每4行减1针8次——所有减针完成后，余6（7，8，9）针。

不加不减到织片距开始位置46.5（48.5，50，52）cm位置，平收剩下的针。

后片的编织

起48（54，60，66）针。

第1行（反面）：*2针下针，2针上针；重复*之后的织法到最后0（2，0，2）针，0（2，0，2）针下针。

第2行：0（2，0，2）针上针，*2针下针，2针上针；重复*之后的织法到一行结束。

重复第1、2行的织法6次，罗纹边尺寸大约8.5cm。

下一行（反面）：全织上针。

下一行（正面）：全织下针。

不加不减继续编织全平针直到织片尺寸24cm，在反面行结束。

袖口的减针

平收4针1次，3针1次，1针2（3，4，5）次——30（34，38，42）针。

不加不减编织到袖口尺寸18（19.5，21.5，23.5）cm，反面行结束。

领的减针

下一行（正面）：10（11，12，13）针下针，用另一团线平收领中间的10（12，14，16）针，下针编织到一行结束——每边肩部剩下10（11，12，13）针。两边肩部同样的方法，不同的线团编织。每边每2行平收2针2次——每边余肩部6（7，8，9）针。不加不减织到织片尺寸46.5（48.5，50，52）cm。平收剩下的针。

收尾

编织结束后定型到成品尺寸。缝合肩部接缝位置。

袖口罗纹边

面对织物正面，沿着袖口挑76（80，84，88）针。

第1行（反面）： 1针下针，*2针上针，2针下针；重复*之后的织法到最后3针，2针上针，1针下针。

第2行： 1针上针，*2针下针，2针上针；重复*之后的织法到最后3针，2针下针，1针上针。

重复第1、2行的织法到尺寸3.2cm。平收罗纹边全部的针。同样的方便编织另一个袖口的罗纹边。缝合边缘接缝的位置。

前片和领边的罗纹针

面对织物正面，沿着右前片的边缘挑73（76，79，82）针，沿着后领边缘挑28（30，32，34）针，再沿着左前片的边缘挑73（76，79，82）针——一共174（182，190，198）针。

第1行（反面）： 2针上针，*2针下针，2针上针；重复*之后的织法到一行结束。

第2行： *2针下针，2针上针；重复*之后的织法到最后2针，2针下针。

第3行： 重复第1行的织法。

第4行（开扣眼行）： 织12针罗纹边花样，

（平收1针做为扣眼，编织罗纹花样8[9，10，11]针）3次，平收1针，编织罗纹针到一行结束。

第5行： 每个平收位置起1针出来。

平收全部的针。

对应左前片扣眼位置，缝4粒扣子到右前片。

5 (5.5, 7, 7.5) cm

21.5 (23, 24, 25.5) cm

右前片

16.5 (17, 18, 18.5) cm

8.5 cm

14.5 (17, 19.5, 22) cm

20.5 (23, 25.5, 28) cm

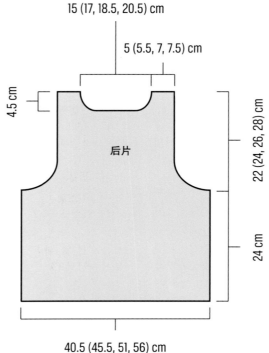

15 (17, 18.5, 20.5) cm

5 (5.5, 7, 7.5) cm

4.5 cm

后片

22 (24, 26, 28) cm

24 cm

40.5 (45.5, 51, 56) cm

美丽的罗纹花样
元宝针套头衫

这款元宝针套头衫有着华丽的混合纹路和舒适性。袖口采用垂直编织，然后旋转，再在其侧边挑针织袖子。宽大的圆翻领会呵护你的颈部长久温暖。

设计师：黛比·奥莉尔

成品尺寸

胸围 80（89，98.5，108，117.5，126.5）cm。展示的尺寸是 80cm。

线材

粗纺纱线（5 号粗纱线）。

样品：展示使用的线材是喀斯喀特纱线公司生产的太平洋粗纱线（40% 的水洗美利奴羊毛，60% 的丙烯酸；110m/100g）：73 号牛仔蓝色、8（9，10，11，12，13）绞。

用针

美制 9 号（5.5mm）：直针和 40cm 长的环针。

为使织物达到标准密度，可以适当地调整用针。

其他工具

防解别针、记号针、毛线缝针。

密度

定型前元宝针的密度 10cm² = 13 针 × 20 行。定型后织物会变松。

注意

织物非常有弹性，能够拉伸到一定的宽度或者长度。不管选择哪一个尺码编织，结束时尺寸都会略微偏小。

针法说明

片织元宝针（2的倍数+1针）：

第1行（反面）：全织上针。

第2行：1针上针，*从1针的下面行入针织下针，1针上针；重复*后内容到一行结束。

重复第1、2行的花样。

环形编织元宝针（2的倍数）：

第1圈：全织下针。

第2圈：1针上针，*从1针的下面行入针织下针，1针上针；重复*后内容到一行结束。

重复第1、2圈的花样。

后片的编织

用直针起57（63，69，75，81，87）针，编织12.5（12.5，15，15，18，18）cm长的元宝针，反面行结束。

腰部的减针

下一行（正面）：下针2针并1针，按照排好的花样继续编织元宝针到最后2针，下针2针并1针——减了2针。

不加不减编织3行。

重复第1~4行的织法3次——余49（55，61，67，73，79）针。

不加不减编织4（4，6，6，8，8）行。

下一行（正面）：1下，下针扭针加针，按照排好的花样继续编织元宝针到最后1针，下针扭针加针，1针下针——加了2针。

不加不减编织3行。

重复最后4行的织法1次——共53（59，65，71，77，83）针。

不加不减继续编织到织物尺寸距起针位置38（40.5，43，45.5，48.5，51）cm，反面行结束。

袖口的减针

接下来2行的开始平收4针，然后每个正面行减1针，减4（4，4，6，6，6）次——余37（43，49，51，57，63）针。不加不减继续编织，直到袖口尺寸15（16.5，18，19，20.5，21.5）cm，反面行结束。

后领与肩的减针

下一行（正面）：编织10（12，14，14，16，18）针，平收中心位置的17（19，21，23，25，27）针，然后编织到一行结束——每侧肩部余10（12，14，14，16，18）针。

将一侧肩部的针穿入防解别针。

前片的编织

直到袖隆尺寸5cm位置的编织都和后片的一样，反面行结束。领部中心的11（13，15，17，19，21）针放入记号环。

领部的减针

下一行（正面）：继续编织袖隆余下的针到记号环位置，用第二团线平收记号环之间的针，然后编织到一行结束。分开编织每一边。

平收靠近领部一侧的2针1次，1针1次——余10（12，14，14，16，18）针。不加不减继续编织，直到尺寸和片衫一致。余下的针穿入防解别针。

袖子的编织（编织2只）

用直针起15针，编织一条25.5（28，30.5，33，35.5，38）cm长的元宝针，反面行结束，平收全部的针，最后一针留在棒针上。

面对织物正面，沿着织片长的一侧边缘，挑32（36，40，44，48，50）针——共33（37，41，45，49，53）针。织3（3，3，5，5，5）行元宝针。

下一行（加针行，正面）：1针下针，下针扭针加针，花样编织到最后1针，下针扭针加针，1针下针——加了2针。

按照上面的加针方式，每4（4，6，6，6，6）行加1针加5次——共45（49，53，57，61，65）针。不加不减直到织物尺寸30.5（30.5，32，32，33，33）cm，反面行结束。

袖山的棒针

每4行减1针减4（4，4，6，6，6）次——余37（41，45，45，49，53）针。平收全部针数。

收尾

最后用3根针平收的方法（见术语表）缝合肩部；从肩缝到腋下缝合袖与袖隆；从下摆往腋下缝合身片两侧；从袖口到腋下缝合袖片。

领边的编织

用环针面对织物正面，从肩缝位置开始，沿着领圈边缘挑66（76，86，96，106，116）针。

每圈的开始位置放入记号环，环形编织。编织18（18，18，20.5，20.5，20.5）cm长的元宝针或者到需要的长度，最后平收全部针。

编织结束后，清洗、定型到成品尺寸。

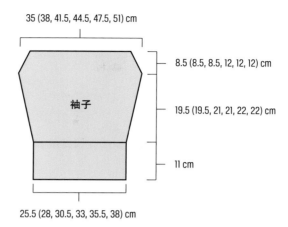

35 (38, 41.5, 44.5, 47.5, 51) cm

8.5 (8.5, 8.5, 12, 12, 12) cm

袖子

19.5 (19.5, 21, 21, 22, 22) cm

11 cm

25.5 (28, 30.5, 33, 35.5, 38) cm

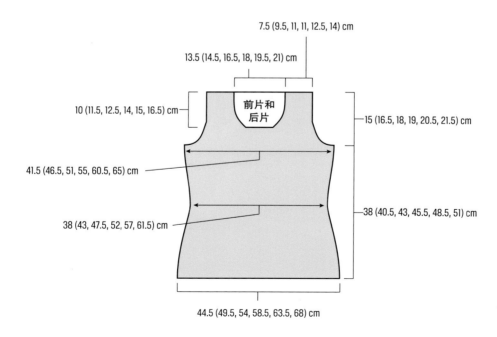

7.5 (9.5, 11, 11, 12.5, 14) cm

13.5 (14.5, 16.5, 18, 19.5, 21) cm

10 (11.5, 12.5, 14, 15, 16.5) cm

前片和
后片

15 (16.5, 18, 19, 20.5, 21.5) cm

41.5 (46.5, 51, 55, 60.5, 65) cm

38 (43, 47.5, 52, 57, 61.5) cm

38 (40.5, 43, 45.5, 48.5, 51) cm

44.5 (49.5, 54, 58.5, 63.5, 68) cm

赤热

花样开襟毛线衫

　　运用麻花和简单的桂花针，通过折叠、缝合自然地形成袖子。沿着开放位置和编织出来的缺口挑织袖口和边缘的罗纹针。罗纹边和桂花针、麻花形成鲜明的对比。

设计师：罗宾·梅兰森

成品尺寸

折叠前织物约宽 52.5（59.5，64，73）cm，长 114.5（124.5，134.5，145）cm。

大概适合胸围 76~86.5（91.5~101.5，106.5~117，122~132）cm 的人。展示的尺寸是 76~86.5cm。

线材

粗纺纱线（5 号粗纱线）。

样品： 展示使用的线材是喀斯喀特纱线公司生产的太平洋粗纱（40% 的水洗美利奴羊毛，60% 的丙烯酸；110m/100g）：43 号深红色，6（8，9，11）绞。

用针

美制 10.5 号（6.5mm）：80cm 长的环针和 5 根组的双头棒针。

为使织物达到标准密度，可以适当地调整用针。

其他工具

麻花针、记号针、毛线缝针。

密度

编织桂花针的密度 $10cm^2$=15 针 × 19 行。

针法说明

2/2 LC（2针和2针的左交叉针）：滑2针到麻花针上，放在织物的前面，左手棒针上的2针织下针，麻花针上的2针织下针。

2/2 RC（2针和2针的右交叉针）：滑2针到麻花针上，放在织物的后面，左手棒针上的2针织下针，麻花针上的2针织下针。

桂花针（奇数针）

第1行（正面）：1针下针，*1针上针，1针下针；重复*之后的织法到一行结束。

第2、3行：1针上针，*1针下针，1针上针；重复*之后的织法到一行结束。

第4行：1针下针，*1针上针，1针下针；重复*之后的织法到一行结束。

重复第1~4行的花样。

双罗纹针（环形编织的时候，针数为4的倍数）

第1圈：*2针下针，2针上针；重复*之后的织法到一行结束。

重复第1圈的织法。

开衫的编织

用环针，起81（91，101，111）针。起针行不计算行数内。来回片织。

第1行（正面）：1针下针，编织8针麻花第1行的花样，放入记号针，编织桂花针到最后9针，放入记号针，编织8针麻花第1行的花样，1针下针。

第2行（反面）：1针上针，编织8针麻花第2行的花样，滑记号针，编织桂花针到下一个记号针位置，滑记号针，编织8针麻花第2行的花样，1针下针。

继续按照排好的花样编织下去，直到织物的尺寸45（49，53，57）cm长。

平收全部的针。

收尾

编织完成后定型到需要的尺寸。按照工艺图指示的那样折叠开衫并缝合。

袖口的编织

用双头棒针，面对织物的正面，从缝合后形成的袖口开口位置挑针，挑28（36，40，48）针。均匀地分配到4根双头棒针上，圈开始的位置放入记号针，然后环形编织。

编织双罗纹针直到袖口尺寸大约11.5cm长，松松地平收全部的针。

花边

用环针，面对织物的正面，从右臂缝合位置（长的花边从左侧开始），沿着前片上部和领部边缘到左臂缝合位置挑针，挑102（110，122，126）针，沿着后片底部边缘挑38（42，46，50）针（沿着整个边缘，大概2行挑1针的规律）——一共140（152，168，176）针。圈开始的位置放入记号针，然后环形编织。

编织双罗纹针直到尺寸大约5.5cm，松松地平收全部的针。

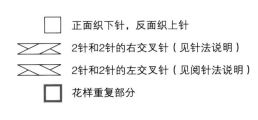

正面织下针，反面织上针

2针和2针的右交叉针（见针法说明）

2针和2针的左交叉针（见阅针法说明）

花样重复部分

麻花花样

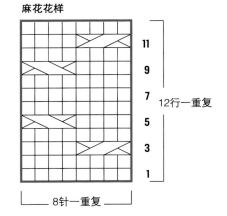

11
9
7
5
3
1

12行一重复

8针一重复

前片和领部边缘

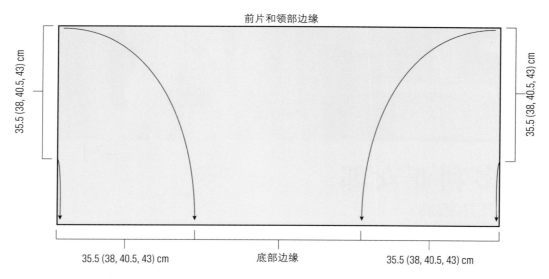

35.5 (38, 40.5, 43) cm

35.5 (38, 40.5, 43) cm

35.5 (38, 40.5, 43) cm   底部边缘   35.5 (38, 40.5, 43) cm

注意：向下折叠的一边到底部边缘对应的位置要缝合在一起。

设计师：希拉里·史密斯·卡里斯

维多利亚女郎
蕾丝花边披肩

这款优雅的披肩是从外侧的蕾丝花边开始，通过全平针引返编的减针来完成的。用粗纺纱线来演绎，也就是一杯茶的工夫就可以完成。

成品尺寸

53.5cm 宽，132cm 长。

线材

粗纺纱线（5 号粗纱线）。

样品： 展示使用的线材是喀斯喀特纱线公司生产的太平洋粗纱线（40% 的水洗美利奴羊毛，60% 的丙烯酸；110m/100g），20 号淡蓝色，3 绞。

用针

美制 11 号（8mm）：100cm 和 150cm 长的环针。

为使织物达到标准密度，可以适当地调整用针。

其他工具

毛线缝针。

密度

编织全平针的密度 10cm² =11.5 针 × 15.5 行。

编织藤蔓蕾丝花样的密度 10cm² =12 针 × 15 行。

披肩的编织

起193针，起针行不计算在行数内。

编织1行下针。

开始藤蔓蕾丝花样

第1行（正面）： 3针下针，*空加针，2针下针，右下2针并1针，下针2针并1针，2针下针，空加针，1针下针；重复*之后的织法到最后一针，1针下针。

第2、4行（反面）： 1针下针，上针织到最后1针，1针下针。

第3行： 2针下针，*空加针，2针下针，右下2针并1针，下针2针并1针，2针下针，空加针，1针下针；重复*之后的织法到最后2针，2针下针。

第5~18行： 重复第1~4行的织法3次，然后重复第1、2行的织法1次。

披肩的引返编减针

第1次引返编（正面）： 99针下针，下针2针并1针，2针下针，翻面——减了1针。

第2次引返编（反面）： 滑1针，7针上针，右下2针并1针，2针上针，翻面——减了1针。

第3次引返编： 滑1针，下针编织到第1次引返编的前一针，下针2针并1针，2针下针，翻面——减了1针。

第4次引返编： 滑1针，上针编织到第2次引返编的前一针，上针右下2针并1针，2针上针，翻面——减了1针。

重复最后2次的引返编28次，然后重复第3次引返编1次——132针。

注意： 最后一行编织完成时就到了正面行的结尾处。

下一行（反面）： 下针编织到最后一次引返编前1针，右下2针并1针，2针下针——131针。到这里全部编织完成。

织下针平收全部的针。

收尾

编织完成。

水洗后定型到成品尺寸，藤蔓蕾丝花样一定要尽量拉开一点。

花仙子
蕾丝和平针花样开衫

精致的花朵蕾丝花样既漂亮又凸显女性的气质。用上下针完全地编织整个花边而无需缝合，让这件开衫织起来变得更加容易，你可以选择花园里任何一个色彩来编织它。

设计师：玛丽·贝丝·坦普尔

成品尺寸

胸围 80（93.5，107.5，120.5，134）cm。展示的尺寸是 80cm。

线材

粗纺纱线（5 号粗纱线）。

样品： 展示使用的线材是喀斯喀特纱线公司生产的太平洋粗纱线（40% 的水洗美利奴羊毛，60% 的丙烯酸；110m/100g）：16 号春绿色 4（4，5，5，6）绞。

用针

美制 11 号（8mm）：40cm 和 91cm 或者更长一些的环针。

为使织物达到标准密度，可以适当地调整用针。

其他工具

7 个记号针、2 个长的防解别针或者废线、毛线缝针。

密度

编织蕾丝花样的密度 $10cm^2$=12 针 × 16 行。

开衫的编织

用长的环针起87（103，119，135，151）针，起针行不计算在行数内。

反面开始编织，织3行全平针（正面行织下针，反面行织上针）。

编织12行的蕾丝花样到织物尺寸30.5（30.5，33，33，35.5）cm，反面行结束。

分前片和后片

下一行（正面）：按照排好的花样织18（21，25，29，37）针做为右前片，袖口位置平收2针，织47（57，65，73，73）针做为后片，袖口位置平收2针，编织到一行结束——每个前片余18（21，25，29，37）针，后片47（57，65，73，73）针。把右前片和后片穿到防解别针或者废线上。

左前片的编织

第1行：上针2针并1针，上针到一行结

束——减了1针。

编织12行的蕾丝花样，同时每个反面行开始时减1针，减8（10，12，14，20）次——余下9（10，12，14，16）针。

不加不减继续编织，直到袖口尺寸23（23，25.5，28，30.5）cm，反面行结束；平收余下的针。

右前片的编织

把防解别针上的18（21，25，29，37）针穿到短环针上，加入线从反面行开始编织。

第1行：上针织到最后2针，上针2针并1针——减了1针。

编织12行的蕾丝花样，同时每个反面行结尾处减1针，减8（10，12，14，20）次——余下9（10，12，14，16）针。

不加不减继续编织，直到袖口尺寸23（23，25.5，28，30.5）cm，反面行结束；平收余下的针。

后片的编织

把防解别针上的47（57，65，73，73）针穿到长环针上，加入线从反面行开始编织。

编织12行的蕾丝花样，直到袖口尺寸23（23，25.5，28，30.5）cm，反面行结束；平收全部的针。

收尾

编织结束后定型身片到成品尺寸。

袖口花边

用短环针，面对织物的正面，围着袖口挑58（58，64，70，78）针。圈开始的位置放入记号针，然后环形编织。

编织上下针（一圈上针，一圈下针）直到尺寸3.2cm，上针圈结束。织下针平收全部的针。

蕾丝花样

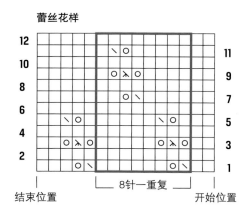

结束位置　　　8针一重复　　　开始位置

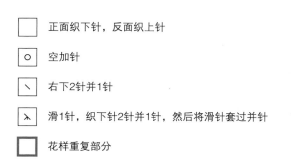

正面织下针，反面织上针

空加针

右下2针并1针

滑1针，织下针2针并1针，然后将滑针套过并针

花样重复部分

108

底部、前片和领位置的花边

用长环针，面对织物的正面，从后领中心位置开始挑针编织，规律如下：沿着后领边缘挑16（20，22，24，22）针，放入记号针，沿着左前片边缘减针位置挑33（33，37，41，45）针（大概每行挑1针），在左前片开始领部减针的位置额外地挑1针，放入记号针，沿着左前片垂直的边缘挑46（46，50，50，54）针（大概每行挑1针），放入记号针，在拐角位置额外地挑1针，沿着底部边缘挑85（101，117，133，149）针，放入记号针，在拐角位置额外地挑1针，沿着右前片到领部开始减针之间的位置挑46（46，50，50，54）针，放入记号针，在右前片开始领部减针的位置额外地挑1针，沿着右前领边缘减针的位置挑33（33，37，41，45）针，放入记号针，最后沿着后领边余下的位置边缘挑15（19，21，23，21）针——一共278（302，338，366，394）针。圈的开始位置放入记号针，然后环形编织。

第2行和所有的偶数行： 全织上针。

第3行和所有的奇数行： 下针编织到第1个记号针，右下2针并1针；下针到下一个记号针前1针，在同一针里织1针下针，1针扭针下针，*下针到下一个记号针前1针，在同一针里织1针下针，1针扭针下针，1针下针，再在同一针里织1针下针，1针扭针下针；重复*之后的织法1次；下针到下一个记号针位置，在同一针里织1针下针，1针扭针下针，下针到再下一个记号针位置，右下2针并1针，下针编织到一圈结束——总共加了4针。

重复第2、3行的织法直到尺寸3.2cm，上针圈结束，最后织下针松松地平收全部的针。

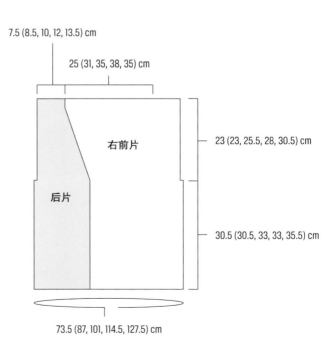

7.5 (8.5, 10, 12, 13.5) cm

25 (31, 35, 38, 35) cm

右前片

后片

23 (23, 25.5, 28, 30.5) cm

30.5 (30.5, 33, 33, 35.5) cm

73.5 (87, 101, 114.5, 127.5) cm

设计师：艾琳娜·马洛

简·奥斯丁
蕾丝花样开衫

　　这款甜美的、具有女性气质的开衫编织起来出乎意料地快和简单，全部是单一的蕾丝花样和上下针花边，定型后用钩针松松地钩一圈，在手臂开口的位置用一条丝带系紧——没有缝合等等的其他工作。

成品尺寸

宽 77.5（86.5，95.5）cm，长 45.5（51，56）cm。

线材

精纺纱线（4 号中粗纱线）。

样品： 展示使用的线材是喀斯喀特纱线公司生产的太平洋线（40% 的水洗美利奴羊毛，60% 的丙烯酸；195m/100g）：49 号深绿色 3 绞。

用针

美制 8 号（5mm）的棒针。

为使织物达到标准密度，可以适当地调整用针。

其他工具

4mm 钩针、毛线缝针、丝带一卷。

密度

编织蕾丝花样的密度 $10cm^2$=18 针 × 26 行。

开衫的编织

起137（153，169）针。织3行下针，反面行结束。

编织16行的蕾丝花样直到织片尺寸为44.5（49.5，54.5）cm，在花样的第8行或者第16行结束。

织3行下针。

反面织下针平收全部的针。

收尾

编织完成后轻轻地定型到成品尺寸。

丝带扣环

剪4条78.5cm长的线，用钩针，面对织物的反面，沿着起针一边边缘第28（31，34）针位置，插入钩到下一针，把线对折，然后拉出，用2股线进行，钩5针辫子。钩完最后一针辫子后，拿开钩针，跳过起针边缘2针，再在下一针里插入钩针，把辫子最后1针拉出，锁紧并固定。在另一侧边缘31（34，37）针位置重复钩一个。

在平收位置一边，从距离第一针18（21，24）针的位置和另一端最后一针21（24，27）针的位置，同样的方法钩2个扣环。剪2条长89cm的丝带，穿过前、后的两个扣环，系一个结。

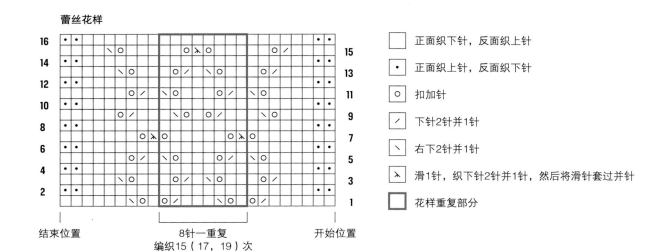

蕾丝花样

8针一重复
编织15（17，19）次

	正面织下针，反面织上针
•	正面织上针，反面织下针
O	扣加针
╱	下针2针并1针
╲	右下2针并1针
⋏	滑1针，织下针2针并1针，然后将滑针套过并针
	花样重复部分

设计师：罗兰·切伦斯基

我的摩卡
平针斗篷

　　全平针编织一整片，而且一个尺寸就可以遮掩各种体型。上下针围绕着底部和颈部开口位置的设计，加入了一些质感。不妨穿上它去你钟爱的咖啡馆坐坐啊。

成品尺寸

宽 105cm，从肩部量长 68.5cm。

线材

粗纺纱线（5 号粗纱线）。

样品：展示使用的线材是喀斯喀特纱线公司生产的太平洋粗纱线（40%的水洗美利奴羊毛，60%的丙烯酸；110m/100g）：59号牛奶巧克力色10绞。

用针

美制 11 号（8mm）的棒针。

为使织物达到标准密度，可以适当地调整用针。

其他工具

防解别针、毛线缝针。

密度

编织全平针的密度 10cm^2=12 针 × 16 行。

斗篷

前片的编织

起124针。织7.5cm宽的上下针（每行都织下针），正面行结束。

下一行（反面）：8针下针，108针上针，8针下针。

下一行：全织下针。

重复最后2行的织法直到织片尺寸57cm，反面行结束。

前领边缘

第1行（正面）：全织下针。

第2行：8针下针，30针上针，48针下针，30针上针，8针下针。

重复第1、2行的织法直到领部花边尺寸7.5cm，反面行结束。

颈部的分配

下一行（正面）：49针下针做为右肩穿到防解别针上，平收中间的26针，下针织到一行结束——剩下的49针做为左肩。

下一行（反面）：8针下针，30针上针，11针下针。

下一行：全织下针。

重复最后2行的织法直到肩部尺寸7.5cm，反面行结束。把针穿到防解别针上。把防解别针右肩的49针退回到棒针上。

下一行（反面）：11针下针，30针上针，8针下针。

下一行：全织下针。

重复最后2行的织法直到肩部尺寸7.5cm，反面行结束。

颈部花边

下一行（正面）：49针下针，起26针，在织防解别针上的49针下针——124针。

编织上下针直到颈部花边尺寸7.5cm，反面行结束。

后片的编织

下一行（正面）：全织下针。

下一行：8针下针，108针上针，8针下针。

重复最后2行的织法直到尺寸129.5cm，反面行结束。

编织7.5cm宽的上下针，最后织下针平收全部的针。

收尾

编织结束后定型到完成尺寸。

美丽的辫子
束带背心

麻花花样让这款罗纹边下摆的平针背心立马变得活泼起来。4针的麻花很好地隐藏了领部塑形时候的痕迹。最后编织一条粗粗的辫子束带，可以按照你需要的长度调整。

设计师：唉尔斯佩思·库什

成品尺寸

周长81.5（87.5，90，95.5，101.5，108，113）cm。展示的尺寸是81.5cm。

线材

粗纺纱线（5号粗纱线）。

样品： 展示使用的线材是喀斯喀特纱线公司生产的太平洋粗纱线（40%的水洗美利奴羊毛，60%的丙烯酸；110m/100g），30号拿铁咖啡色，5（5，5，5，6，6，6）绞。

用针

美制10.5号（6.5mm）：60cm长的环针。

为使织物达到标准密度，可以适当地调整用针。

其他工具

麻花针、毛线缝针。

密度

编织全平针的密度10cm² = 14针×17行。

115

针法说明

双罗纹针（4的倍数+1）

第1行（正面）：1针下针，*2针上针，2针下针；重复*之后的织法到一行结束。

第2行（反面）：*2针上针，2针下针；重复*之后的织法到最后一针，1针上针。

重复第1、2行的织法。

麻花花样（4的倍数）

第1行（正面）：滑2针到麻花针，并放置在织物的前方，织左棒针上1针下针，然后麻花针上2针下针，再左棒针上1针下针。

第2和所有的反面行：4针上针。

第3行：1针下针，滑1针到麻花针，并放置在织物的后方，织左棒针上2针下针，在麻花针上1针下针。

重复地1~3行的花样。

后片的辫子

起58（62，64，68，72，76，80）针。

织2.5cm宽的双罗纹针，反面行结束。

织全平针直到织片尺寸33（33，35.5，35.5，38，38，40.5）cm，反面行结束。

袖口减针

平收下两行开始位置的7（8，8，9，11，11，13）针——余44（46，48，50，50，54，54）针。

不加不减织到织片距起头位置尺寸53.5（53.5，58.5，58.5，63.5，63.5，68.5）cm，反面行结束。

平收全部的针。

右前片的编织

起36（38，40，42，44，46，48）针。

第1行（正面）：4（6，4，6，4，6，4）针下针，*2针上针，2针下针；重复*之后的织法到一行结束。

第2行（反面）：*2针上针，2针下针；重复*之后的织法到最后4（6，4，6，4，6，4）针，织上针到一行结束。

重复第1、2行的织法直到织片尺寸2.5cm，反面行结束。

下一行（花样排列行，正面）：开始的4针编织麻花花样的第1行，下针到一行结束。

下一行：上针到最后4针位置，最后4针编织麻花花样的第2行。

注意：仔细地阅读接下来的说明，袖口和前领的减针是同时进行的。

按照排好的花样继续编织，直到织片距起头位置尺寸20.5（20.5，23，23，25.5，25.5，28）cm，反面行结束。

领部减针

下一行（减针行，正面）：开始的4针继续编织麻花花样，右下2针并1针，下针织到一行结束——减了1针。

下一行：全织上针。

重复最后2行的织法9（9，10，11，11，12，12）次，然后不加不减到织片距起头位置33（33，35.5，35.5，38，38，40.5）cm，正面行结束。

袖口减针

下一行（反面）：平收7（8，8，9，11，11，13）针，然后编织到一行结束——当所有减针完成时，余19（20，21，21，21，22，22）针。

不加不减到织片距离起头位置53.5（53.5，58.5，58.5，63.5，63.5，68.5）cm，反面行结束。

平收全部的针。

左前片的编织

起36（38，40，42，44，46，48）针。

第1行（正面）：*2针下针，2针上针；重复*之后织法到最后4（6，4，6，4，6，4）针，下针到一行结束。

第2行（反面）：4（6，4，6，4，6，4）针上针，*2针下针，2针上针；重复*之后的织法到一行结束。

重复第1、2行的织法直到罗纹尺寸2.5cm，反面行结束。

下一行（花样排列行，正面）：下针编织到最后4针位置，编织麻花花样的第1行。

下一行：开始的4针编织麻花花样的第2行，上针到一行结束。

注意：仔细地阅读接下来的说明，袖口和前领的减针是同时进行的。

按照排好的花样继续编织，直到织片距起头位置尺寸20.5（20.5，23，23，25.5，25.5，28）cm，反面行结束。

领部的减针

下一行（减针行，正面）：下针织到最后6针，下针2针并1针，余下的4针继续编织麻花花样——减了1针。

下一行：全织上针。

重复最后2行的织法9（9，10，11，11，12，12）次，

然后不加不减到织片距离起头位置33（33，

35.5，35.5，38，38，40.5）cm，反面行结束。

袖口的减针

下一行（正面）：平收7（8，8，9，11，11，13）针，然后编织到一行结束——当所有减针完成时，余19（20，21，21，21，22，22）针。

不加不减到织片距离起头位置53.5（53.5，58.5，58.5，63.5，63.5，68.5）cm，反面行结束。

平收全部的针。

收尾

编织完成，定型到成品尺寸。缝合肩部和侧缝位置。

腰带

剪45条约2.1（2.3，2.4，2.5，2.6，2.7，2.8）m长的线，把它们合在一起，然后在大概20.5cm长的位置打一个结，系紧。把结固定在一个类似门闩这样静止的物体上，再

把线平分成15股的3等份编辫子。编到还有25.5cm长或者希望的长度时，要注意保持辫子的形状，然后再打一个结，系紧，剩下的线头长度大概是20.5cm。最后整理下腰带的形状。

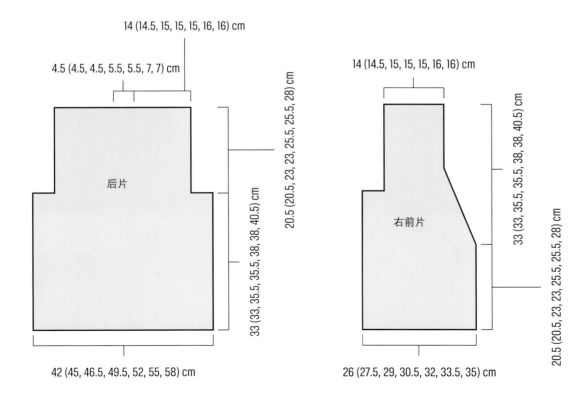

14 (14.5, 15, 15, 15, 16, 16) cm

4.5 (4.5, 4.5, 5.5, 5.5, 7, 7) cm

后片

20.5 (20.5, 23, 23, 25.5, 25.5, 28) cm

33 (33, 35.5, 35.5, 38, 38, 40.5) cm

42 (45, 46.5, 49.5, 52, 55, 58) cm

14 (14.5, 15, 15, 15, 16, 16) cm

右前片

33 (33, 35.5, 35.5, 38, 38, 40.5) cm

20.5 (20.5, 23, 23, 25.5, 25.5, 28) cm

26 (27.5, 29, 30.5, 32, 33.5, 35) cm

太阳来了
三角形披肩

设计师：拉莉莎·布朗

　　这款活泼的披肩形状简单，向上或者向下可以适应不同的尺寸和风格。通过花边对比色和加针来装饰全平针的主体，显得更加温柔。

成品尺寸

最深位置 53.5cm，最宽位置 109cm。

线材

粗纺纱线（5号粗纱线）。

样品：展示使用的线材是喀斯喀特纱线公司生产的太平洋粗纱（40%的水洗美利奴羊毛，60%的丙烯酸；110m/100g）：12号黄色（主色），3绞；40号孔雀蓝，1绞。

用针

美制11号（8mm）：100cm和150cm长的环针。

为使织物达到标准密度，可以适当地调整用针。

其他工具

毛线缝针。

编织密度

编织全平针的密度10cm^2=12针×19行。

披肩的编织

用主色线起5针。

第1行（正面）：（1针下针，空加针）4次，1针下针——9针。

第2和所有的反面行：1针下针，上针织到最后1针，1针上针。

第3行：1针下针，空加针，2针下针，空加针，1针下针，空加针，放入记号针，1针下针，空加针，1针下针，空加针，2针下针，空加针，1针下针——15针。

第5行：1针下针，空加针，2针下针，空加针，下针织到记号针位置，空加针，滑记号针，1针下针，空加针，下针织到最后3针，空加针，2针下针，空加针，1针下针——加了6针。

第6行：1针下针，上针到最后一针，1针上针。

重复最后2行34次——225针；从中心位置量取，大概长度约52cm。

换配色线，如下方法平收针：平收1针，用"麻花起针"的方法（见术语表）起1针，平收3针；重复这样的收针方法到结束。

收尾

编织结束。用大头针固定每个小环，将披肩定型到成品尺寸。

易做又美观的礼物

这些新奇的设计能带给你一整天的快乐。

从迷人的毛衣、为新生宝宝设计的毯子、设计独特的连手套围巾和

为你心爱的朋友轻轻松松搞定的滑针花样袜套，

不仅仅是一个人的快乐，

你还能发现这些物品也非常适合当做礼物。

乖乖睡吧，宝贝
波浪花样的毯子

运用上下针和平针来回编织的简单蕾丝花样，能很快制做出来，是为宝宝出生举行的派对中最好的礼物。使用柔软的夹有蓝色和绿色的线材，是家庭婴儿房里不可或缺的。

设计师：詹妮丝·盖瑞

成品尺寸

定型后，86.5cm 长，81.5cm 宽。

线材

粗纺纱线（5 号粗线）。

样品：展示使用的线材是喀斯喀特纱线公司生产的太平洋多股粗纱线（40% 的水洗美利奴羊毛，60% 的丙烯酸；110m/100g）：616 号海上的轻雾，5 绞。

用针

美制10.5号（6.5mm）：80cm长的环针。

为使织物达到标准密度，可以适当地调整用针。

其他工具

毛线缝针。

编织密度

编织蕾丝花样定型后的密度 $10cm^2$=11 针 × 17.5 行。

毯子的编织

起 94 针。

编织 4 行下针。

编织蕾丝花样第 1~12 行 11 次或者到需要的长度，反面行结束。

编织 4 行下针。

织下针平收所有的针。

收尾

编织结束，定型到成品尺寸。

蕾丝花样

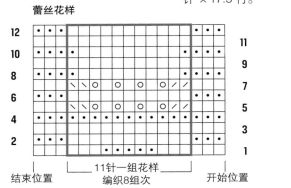

	正面织下针，反面织上针
·	正面织上针，反面织下针
O	空加针
/	下针2针并1针
\	右下2针并1针
	花样重复部分

结束位置　　11针一组花样　　开始位置
编织8组次

亲亲抱抱
麻花连指手套和帽子

　　最好的赞美说"我爱你"比编织这款"亲亲抱抱"的连指手套和帽子组套更好？手套是环形编织的，加上上下针的手套口。可爱的帽子两侧装饰有上下针花样的耳罩，麻花和蕾丝的细部装饰，拧绳以及绒球。

设计师：罗宾·梅兰森

成品尺寸

帽子：周长大约 43cm，从突出的边缘到顶部大约 27.5cm 深。

连指手套：手围 20.5cm，长 28.5cm。

线材

粗纺纱线（5 号粗线）。

样品：展示使用的线材是喀斯喀特纱线公司生产的太平洋粗纱线（40% 的水洗美利奴羊毛，60% 的丙烯酸；110m/100g）：37 号三叶草色，帽子和连指手套一起 3 绞线（单独帽子或者连指手套 2 绞线）。

用针

美制 10.5 号（6.5mm）：40cm 长的环针和 5 根组的双头棒针。

为使织物达到标准密度，可以适当地调整用针。

其他工具

麻花针、记号针（包括起头位置用的不同颜色的记号针 1 个）、废线或者防解别针、毛线缝针、硬纸板（做绒球用）。

编织密度

编织全平针的密度 $10cm^2=14$ 针 $\times 20$ 行。

麻花花样一组 8 针的宽度大概是 4.5cm。

针法说明

2/2 LC（2针和2针的左交叉针）：滑2针到麻花针上，放在织物的前面，先左手棒针上的2针织下针，再麻花针上的2针织下针。

2/2 RC（2针和2针的右交叉针）：滑2针到麻花针上，放在织物的后面，先左手棒针上的2针织下针，再麻花针上的2针织下针。

片织上下针（任意针数）

所有行：全部织下针。

环形编织上下针（任意针数）

第1圈：全织上针。

第2圈：全织下针。

重复第1、2圈的织法。

帽子的编织

耳罩部分（编织 2 个）

用2根双头棒针起4针。

第1行（反面）：线在织物前方滑1针，下针织到一行结束。

第2行（正面）：线在织物前方滑1针，下针织到最后1针，下针左扭针加针，1针下针——加了1针。

重复这2行的织法11次——16针。

不加不减编织4行上下针，正面行结束。

留15cm的线头，然后断线，放一边备用。

重复上面的织法编织第二个耳罩，但是最后是编织5行上下针，反面行结束。不要断线。

帽子主体的编织

用环针，面对织物的正面，从第二个耳罩开始，用"麻花起针"（见术语表）的方法起24针，反过来，再面对第一个耳罩的反面开始，织16针下针，再反过来起16针——72针。面对织物的正面开始，把左手棒针上的第1针滑到麻花针上，放在织物的前面。再把右手棒针上的最后1针滑到左手棒针上，把麻花针上的1针移到右手棒针，圈开始的位置加入记号针，开始环形编织；小心编织的时候不要织拧了。

第1圈：1针上针，*2针下针，2针上针。重复*之后的织法到最后一针，1针上针。

第2~4圈：重复第1圈的织法。

花样的排列如下：

第1圈：拿掉环形编织开始位置的记号针，织6针双罗纹针，重新放入记号针做为新一圈开始的位置，*1针上针，下针2针并1针，空加针，1针上针，放记号针，4针下针，2针上针，编织8针麻花的第1圈花样，2针上针，4针下针，放记号针；重复*之后的织法2次，最后一次重复结束位置的记号针省略不要。

第2圈：*1针上针，2针下针，1针上针，滑记号针，4针下针，2针上针，编织8针麻花的第2圈花样，2针上针，4针下针，滑记号针；重复*之后的织法2次。

第3圈：*1针上针，空加针，右下2针并1针，1针上针，滑记号针，4针下针，2针上针，编织8针麻花的第3圈花样，2针上针，4针下针，滑记号针；；重复*之后的织法2次。

第4圈：*1针上针，2针下针，1针上针，滑记号针，4针下针，2针上针，编织8针麻花的第4圈花样，2针上针，4针下针，滑记号针；重复*之后的织法2次。

第5~16圈：按照花样的排列继续编织8针麻花第5~16前的花样。

重复第1~16行的织法织到织物的尺寸大概13.5cm。

帽子顶部的减针

随着针数不断减少，在用环针编织起来不是很方便的时候，换双头棒针编织。

下一圈（减针圈）：*编织到记号针位置，滑记号针，右下2针并1针，再编织到第一个记号针位置，下针2针并1针，滑记号环；重复*之后的织法到一起结束——减了6针。

每3圈重复这样的减针8次——剩下18针。

下一圈（减针圈）：（下针2针并1针）9次——余9针。

留20.5cm的线头，然后断线。将线穿过剩下的针，锁紧洞口。

收尾

编织结束。

拧绳的做法

剪3段127cm的线，3股线一起穿过耳罩末端的起针位置，挂在一个静止的物体上，拧得紧紧的，直到绳子自动折回变成双股。在末端一起打结，保持捻度均匀，确保耳罩在中心线。如果需要，可以调整下第二个结的长度。重复为第二个耳罩做一个这样的拧绳。

绒球的做法（做 3 个）

剪2个直径7.5cm的圆，再在圆的中心剪一个直径3.2cm的洞。在圆环的一端剪一个窄窄的缝，方便做绒球时候绕线。拿着2个圆环一起在上面绕线，直到圆环中心几乎被填满。沿着圆环的外边缘剪线，小心不要让圆环掉了。毛线缝针上穿一条线，小心地绕在两个圆环之间，然后打一个结系紧。

分别为顶部做一个直径7.5cm，为底部拧绳位置做两个直径5.5cm的的绒球。大的绒球缝到帽子的顶部，小的绒球放到拧绳上。

左手手套的编织

手套口

用双头棒针起32针，均匀地分配到4根棒针上。圈的开始位置放入记号针，然后环形编织。注意编织的时候不要织拧了。编织9圈上下针，在上针圈结束。

下一圈（减针圈）：（14针下针，下针2针并1针）2次——减了2针。

不加不减再织3圈。

下一圈（减针圈）：（13针下针，下针2针并1针）2次——减了2针。

不加不减再织3圈。

下一圈（减针圈）：（12针下针，下针2针并1针）2次——26针。

不加不减再织4圈，在下针圈结束。

手掌的编织

下一圈（加针圈）：13针下针，下针左扭针加针，3针下针，1针上针，（2针下针，下针左扭针加针）2次，2针下针，1针上针，2针下针，下针左扭针加针——30针。

下一圈：17针下针，1针上针，编织8针麻花的第1圈花样，1针上针，下针织到一行结束。

大拇指扣板

第1圈（加针圈）：13针下针，扣板开始位置放入记号针，下针左扭针加针，1针下针，下针右扭针加针，扣板结束位置放入记号针，编织到一圈结束——加了2针。

不加不减织2圈，加的针织全平针。

下一圈（加针圈）：下针到扣板第一个记号针位置，滑记号针，下针左扭针加针，下针到扣板第二个记号针位置，下针右扭针加针，滑记号针，编织到一圈结束——加了2针。

重复最后3圈的织法2次——38针，此时拇指扣板位置有9针。

不加不减编织一圈。

下一圈：下针到扣板第一个记号针位置，拿掉记号针，把接下来属于大拇指的9针穿到废线或者防解别针上，拿掉第二个记号针，在缺口位置起1针，编织到一圈结束——30针。

不加不减织到距手套口顶部18cm位置。

手套顶部的减针

下一圈（减针圈）：（1针下针，下针2针并1针）重复到一圈结束——余20针。

不加不减织一圈。

下一圈（减针圈）：（下针2针并1针）重复到一圈结束——余10针。

重复最后一圈的织法一次——余5针。

留20.5cm的线头，断线。把线头穿过余下的针，收紧洞口。

大拇指的编织

把9针穿到双头棒针上，大拇指缺口的位置挑1针下针，下针编织到结束——10针。圈开始的位置放入记号针，然后环形编织。

不加不减织全平针织到大拇指尺寸5.5cm。

下一圈（减针圈）：（下针2针并1针）重复到一圈结束——余5针。

留20.5cm的线头，断线。把线头穿过余下的针，收紧洞口。

右手手套的编织

从开始到大拇指扣板位置的编织和左手的编织方法一样。

大拇指扣板

第1圈（加针圈）：下针左扭针加针，1针下针，下针右扭针加针，扣板结束位置放入记号针，编织到一圈结束——加了2针。

不加不减织2圈，加的针织全平针。

下一圈（加针圈）：下针左扭针加针，下针到扣板第二个记号针位置，下针右扭针加针，滑记号针，编织到一圈结束——加了2针。

重复最后3圈的织法2次——38针，此时大拇指扣板位置有9针。

不加不减编织一圈。

下一圈：把接下来属于大拇指的9针穿到废线或者防解别针上，拿掉记号针，在缺口位置起1针，编织到一圈结束——30针。

后面的编织方法和左手手套的一样。

收尾

编织结束。用线头把大拇指缺口位置的洞收紧。

麻花花样

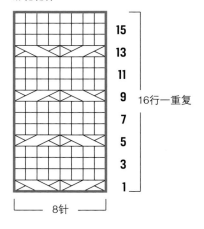

15
13
11
9   16行一重复
7
5
3
1

8针

□ 下针

⧅ 2针和2针的右交叉针（见针法说明）

⧅ 2针和2针的左交叉针（见针法说明）

□ 花样重复部分

女孩毛衣
拉克兰开衫

　　这款漂亮的粉色开衫，利用迷人的麻花和边缘的全上针自上往下编织。在抵肩位置的前片开口处订一粒扣子以避免衣服掉落，是旅途中女孩子的最佳搭配。

设计师：梅丽莎·古德尔

成品尺寸

胸围 46.5（49，52，54，56.5）cm。

适合 3（6，9，12，18，24）个月的儿童。样品展示的尺寸是 18 个月儿童的。

线材

精纺纱线（4 号中粗线）。

样品：展示使用的线材是喀斯喀特纱线公司生产的太平洋线（40% 的水洗美利奴羊毛，60% 的丙烯酸；195m/100g）：31 号玫瑰红，2（2，2，2，2）绞。

用针

美制 7 号（4.5mm）：60cm 长的环针和 4 根或者 5 根组的双头棒针。

为使织物达到标准密度，可以适当地调整用针。

其他工具

麻花针、记号针、防解别针、直径 14mm 的扣子一粒、毛线缝针。

编织密度

编织全平针的密度 10cm² = 18 针 × 24 行。

针法说明

3/3 LC（3针和3针的左交叉针）：滑3针到麻花针上，放置到织物的前面，左棒针上的3针织下针，再麻花针上的3针织下针。

3/3 RC（3针和3针的右交叉针）：滑3针到麻花针上，放置到织物的后面，左棒针上的3针织下针，再麻花针上的3针织下针。

全上针：正面织上针，反面织下针。

开衫的编织

领部

用环针起56（56，64，64，64）针。

第1行（正面）：2针下针，上针编织到最后2针，2针下针。

第2、4行：线在织物前面滑1针，下针编织到最后2针，线在织物前面滑1针，1针下针。

第3行：线在织物前面滑1针，1针下针，上针编织到最后2针，线在织物前面滑1针，1针下针。

抵肩的编织

花样排列行（正面）：线在织物前面滑1针，7针下针，1针上针，2（2，3，3，3）针下针，放入记号针，8（8，10，10，10）针下针，放入记号针，18（18，20，20，20）针下针，放入记号针，8（8，10，10，10）针下针，放入记号针，2（2，3，3，3）针下针，1针上针，6针下针，线在织物前面滑1针，1针下针。

下一行（反面）：线在织物前面滑1针，1针下针，6针上针，1针下针，上针织到最后9

针位置，1针下针，6针上针，线在织物前面滑1针，1针下针。

下一行（加针行，正面）：*按照花样排列编织到第一个记号针位置，左加针，滑记号针，右加针；重复*之后的织法3次，再按照花样排列编织到一行结束——加了8针。

不加不减反面织一行。

下一行（开扣眼，加针）：线在织物前面滑1针，1针下针，（把这2针移回到左手棒针再织2针下针）2次，3针和3针的左交叉针，*编织到记号针位置，左加针，滑记号针，右加针；重复*之后的织法3次，再编织到最后8针位置，3针和3针的右交叉针，线在织物前面滑1针，1针下针——加了8针。

不加不减反面织一行。

下一行（加针行，正面）：*编织到记号环位置，左加针，滑记号针，右加针；重复*之后的织法3次，再按照花样排列编织到一行结束——加了8针。

不加不减反面织一行。

重复最后2行的织法2次——加了16针。

下一行（绞麻花，加针，正面）：线在织物前面滑1针，1针下针，3针和3针的左交叉针，*编织到记号针位置，左加针，滑记号针，右加针；重复*之后的织法3次，再编织到最后8针位置，3针和3针的右交叉针，线在织物前面滑1针，1针下针——加了8针。

不加不减反面织一行。

重复在每个正面行加针4（5，5，6，7）次，每8行绞一次麻花——136（144，152，160，168）针。

分开身体和袖子编织

下一行（正面）：按照排列的花样编织21（22，23，24，25）针做为左前片，接下来

的28（30，32，34，36）针做为袖子穿到防解别针上，腋下用"麻花起针"的方法起5（5，6，6，6）针，再后片织38（40，42，44，46）针下针，再28（30，32，34，36）针做为袖子穿到防解别针上，腋下起5（5，6，6，6）针，最后织剩下的21（22，23，24，25）针——一共90（94，100，104，108）针。

主体的编织

保持最开始和最后的8针花样不变，其余编织全平针直到距离领子底部20.5（23，24，25.5，26.5）cm，结束在麻花花样的第4行。和领部一样的编织4行全上针，最后平收所有的针。

袖子的编织（织2个）

用双头棒针，面对织物的正面，从腋下起针位置的中间开始，挑3（3，4，4，4）针下针，再防解别针上的织28（30，32，34，36）针下针，然后再挑腋下起针位置剩下的3（3，4，4，4）针——一共34（36，40，42，44）针，圈开始的位置放入记号针，然后环形编织。

下一圈（减针圈）：3针下针，下针2针并1针，下针编织到最后5针，右下2针并1针，下针编织到一圈结束——32（34，38，40，42）针。不加不减织全平针直到腋下尺寸3.8cm。

下一圈（减针圈）：1针下针，下针2针并1针，下针编织到最后3针，右下2针并1针，1针下针——减了2针。

每9圈重复这样的减针1（1，2，2，2）次——28（30，32，34，36）针。不加不减继续编织，直到袖子尺寸12.5（14，16.5，18，19）cm。织4圈上针，然后织上针平收所有的针。

收尾

编织结束，定型到成品尺寸。缝扣子到右前
片对应扣眼的麻花中心位置。

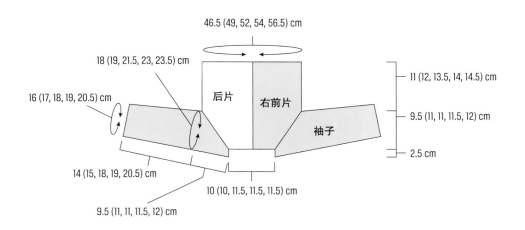

46.5 (49, 52, 54, 56.5) cm

18 (19, 21.5, 23, 23.5) cm

16 (17, 18, 19, 20.5) cm

11 (12, 13.5, 14, 14.5) cm

9.5 (11, 11, 11.5, 12) cm

2.5 cm

后片

右前片

袖子

14 (15, 18, 19, 20.5) cm

10 (10, 11.5, 11.5, 11.5) cm

9.5 (11, 11, 11.5, 12) cm

我们的房子
嵌花靠垫

非常、非常、非常好看的房子花样靠垫！这款逗人喜爱的靠垫先是编织一大片，然后折叠，再缝合边缘，最后在后片用扣子扣上。屋顶的花纹、草地上的绿草、窗，以及用按钮做的门把手，就好像是定制的房子，也是一份细致周到的礼物。

设计师：艾米·巴哈特

成品尺寸

48.5cm×67.5cm

线材

精纺纱线（4号中粗线）。

样品：展示使用的线材是喀斯喀特纱线公司生产的太平洋线（40％的水洗美利奴羊毛，60％的丙烯酸；195m/100g）：33号仙人掌绿色（A色）1绞、13号金色（B色）1绞、51号金银花的粉红色（C色）1绞、40号孔雀蓝（D色）1绞、38号紫罗兰色（E色）1绞。

用针

美制7号（4.5mm）棒针。

为使织物达到标准密度，可以适当地调整用针。

其他工具

毛线缝针、直径19mm的黄色扣子4粒、51×66cm的枕形填充物、纤维棉少许、废线、或者棉花球。

编织密度

编织全平针的密度10cm²=18.5针×26行。

注意

靠垫是编织一整片，用嵌花的方法换色，每个色区用一团线编织。在换色的每一行，都要把两个颜色交叉绞一下再编织，以避免出现小洞。

针法说明

草地花样

第1行（正面）： 用A色线织下针。

第2行： 全上针编织。

第3行： *4针下针，2针上针；重复*之后的织法到最后4针，4针下针。

第4行： 全上针编织。

第5行： 全下针编织。

第6行： 2针上针，*2针下针，4针上针；重复*之后的织法到最后2针，2针下针。

第7、8行： 重复第1、2行的织法。

第9行： 2针下针，*2针上针，4针下针；重复*之后的织法到最后2针，2针上针。

第10、11行： 重复第4、5行的织法。

第12行： *4针上针，2针下针；重复*之后的织法到最后4针，4针上针。

第13行： 全下针编织。

第14行： 全上针编织。

第15行： 2针下针，*2针上针，4针下针；重复*之后的织法到最后2针，2针上针。

第16、17行： 重复第10、11行的织法。

第18行： 2针上针，*2针下针，4针上针；重复*之后的织法到最后2针，2针下针。

第19~21行： 重复第1~3行的织法。

第22、23行： 重复第4、5行的织法。

屋顶花样

第1行（正面）： 用E色线织下针。

第2、3行： 全下针编织。

第4行： 全上针编织。

重复第1~4行的花样。

上下针

第1行： 全下针编织。

重复第1行的织法。

靠垫的编织

用D色线起88针，编织12行上下针，反面行结束。编织全平针直到织片尺寸19cm，反面行结束。

用A色线编织草地花样第1~23行，然后编织第2~11的织法一次。反面织一行下针做为折痕。继续编织草地花样第1~23行，再第2~10行一次。

下一行（正面）： 用D色线，并按如下规律织全平针：32针下针，加入C色线织24针下针，再用另一团D色线织下针到一行结束。保持这样的花样排列编织，直到距草地花样

位置大概10cm，反面行结束。

下一行（正面）： 用D色线织8针下针，加入B色线织图案1的18针，用另一团D色线织6针下针，C色线织24针下针，D色线6针下针，加入B色线织图案1的18针，最后用另一团D色线织下针到一行结束。保持这样的花样排列编织到图案的22行结束。

只用D色线，编织5.5cm的全平针，反面行结束。

下一行（正面）： 用D色线织8针下针，加入B色线编织图案1的18针，加入另一团D色线织6针下针，加入另一团B色线织图案2的24针，加入另一团D色线织6针下针，加入B

色线编织图案1的18针，最后加入另一团D色线织下针到一行结束。保持这样的花样排列编织到图案的22行结束。只用D色线，编织5.5cm的全平针，反面行结束。

加入E色线，不加不减编织屋顶花样2行。

下一行（减针行，正面）： 右下2针并1针，编织花样到最后2针，下针2针并1针——减了2针。

每个正面行重复这样的减针15次——余56针。此时屋顶花样尺寸12.5cm。不加不减反面织一行。

下一行（加针行，正面）： 1针下针，扭加针，编织到最后1针，扭针加针，1针下针——加了2针。

每个正面行重复这样的加针15次——88针。不加不减反面织一行。

加入D色线编织全平针，直到距屋顶花样位置19cm，反面行结束。

织6行上下针。

下一行（开扣眼，正面）： 21针下针，（平收2针做为扣眼，20针下针）重复2次，平收2针，21针下针。

下一行： 下针编织到扣眼缺口位置，起2针。继续织上下针4行。平收所有的针。

收尾

编织结束，定型到成品尺寸。

折叠靠垫底部折痕位置和顶部最窄的位置（折叠一个上针行），重叠的带扣眼的上下针一侧在上面。沿着一侧垂直边和斜边，以及重叠部分的边缘缝合。缝3粒扣子到扣眼下方上下针位置，象照片上那样在门上也缝1粒扣子。

在顶端，靠近一侧边缘7.5cm和距离另一侧边缘12.5cm的位置，画线做上标记。小心地沿

着线剪开枕形填充物，去掉顶部一端多余的纤维棉。最后包缝缝合剪开的部位。

把枕形填充物塞进靠垫里，扣上扣子。

烟囱的编织

用C色线起14针，编织全下针直到织片尺寸7.5cm。平收全部的针。一起缝合边缘部分，中心的缝在烟囱的背面，然后缝死烟囱顶部边缘。

用纤维棉、废线或者棉球这类比较轻的东西填充，然后缝死底部边缘。像照片上那样把烟囱缝合到屋顶，要保持烟囱稳稳地直立在屋顶上。

B色线
o D色线

图案1

18针

图案2

24针

爬藤

麻花护腿

这款环形编织、温暖舒适的护腿让你迷人的大腿更加温暖。护腿的一侧是纵向排列的麻花花样，另一侧是桂花针花样。华丽的样式，让你在穿裙子或者紧身牛仔裤的时候，都是那么优雅。

设计师：黛比·奥莉尔

成品尺寸

顶部未拉伸的周长约24（28，31）cm，长53.5cm。样品展示的尺寸是23.5cm。

线材

精纺纱线（4号中粗线）。

样品：展示使用的线材是喀斯喀特纱线公司生产的太平洋线（40%的水洗美利奴羊毛，60%的丙烯酸；195m/100g）：31号玫瑰红，2（3，3）绞。

用针

美制7号（4.5mm）：4根组的双头棒针。

为使织物达到标准密度，可以适当地调整用针。

其他工具

麻花针、记号针、毛线缝针。

编织密度

编织桂花针的密度$10cm^2$=22针×30行。

针法说明

2/1 LPC（2针和1针上针的左交叉针）： 滑2针到麻花针，并放置在织物的前方，织左棒针上1针上针，再麻花针上2针下针。

2/1 RPC（2针和1针上针的右交叉针）： 滑1针到麻花针，并放置在织物的后方，织左棒针上2针下针，再麻花针上1针上针。

2/2 LC（2针和2针的左交叉针）： 滑2针到麻花针，并放置在织物的前方，织左棒针上2针下针，再麻花针上2针下针。

2/2 RC（2针和2针的右交叉针）： 滑2针到麻花针，并放置在织物的后方，织左棒针上2针下针，再麻花针上2针下针。

2/3 LC（2针和3针的左交叉针）： 滑3针到麻花针，并放置在织物的前方，织左棒针上2针下针，再从麻花针上从后方滑1针上针到左手棒针上，1针上针，最后麻花针上2针下针。

2/3 RC（2针和3针的右交叉针）： 滑3针到麻花针，并放置在织物的后方，织左棒针上2针下针，再从麻花针上从后方滑1针上针到左手棒针上，1针上针，最后麻花针上2针下针。

双罗纹针（4的倍数）

第1圈： *2针下针，2针上针；重复*之后的织法到一圈结束。

重复这一圈的织法。

桂花针（2的倍数+1）

第1圈： 1针下针，*1针上针，1针下针；重复*之后的织法。

第2圈： 1针上针，*1针下针，1针上针；重复*之后的织法。

重复第1、2圈的织法。

护腿的编织（织2个）

起60（68，76）针。圈开始的位置放入记号针，开始环形编织。注意编织的时候不要织拧了。织6.5cm长的双罗纹。

下一圈（花样排列）： 织11（11，15）针桂花针，放记号针，（2针上针，4针下针）2次，2针上针，（2针上针，2针下针）2次，上针扭针加针，（2针下针，2针上针）2次，2针上针，（4针下针，2针上针）2次，放记号针，5（13，17）针桂花针，上针扭针加针——62（70，78）针。

按照花样排列，编织麻花花样的第2行（第1行在花样排列的一行已经织了）：

第2~32圈： 编织桂花针到记号针，滑记号针，编织麻花花样的45针，滑记号针，编织桂花针到一圈结束。

第33圈： 编织桂花针到记号针，织下针或者上针扭针桂花针加针，滑记号针，编织麻花花样的45针，滑记号针，织下针或者上针扭针桂花针加针，编织桂花针到一圈结束——加了2针。

重复第2~33行的织法2次——68（76，84）针。不加不减继续编织到比需要的尺寸短6.5cm的位置，在麻花花样的第7行或者第15行结束。

下一圈（双罗纹排花）： 1针上针，（2针下针，2针上针）8（8，9）次，2针下针，1针上针，上针2针并1针，*2针下针，2针上针；重复*之后的织法到最后2针，2针下针，上针扭针加针——68（76，84）针。

下一圈： 1针上针，*2针下针，2针上针；重复*之后的织法到最后1针，1针上针。重复最后一圈的织法到罗纹边6.5cm。平收全部的针。

收尾

编织结束，定型到成品尺寸。

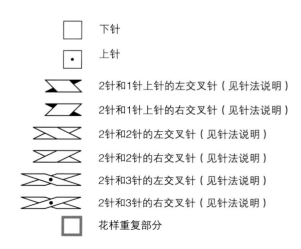

☐	下针
⊡	上针
	2针和1针上针的左交叉针（见针法说明）
	2针和1针上针的右交叉针（见针法说明）
	2针和2针的左交叉针（见针法说明）
	2针和2针的右交叉针（见针法说明）
	2针和3针的左交叉针（见针法说明）
	2针和3针的右交叉针（见针法说明）
☐	花样重复部分

麻花花样

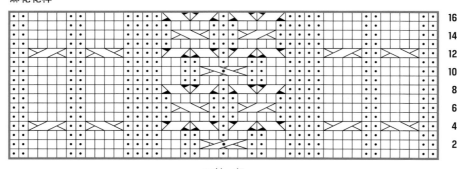

45针一组

设计师：芬娜·戈比斯坦

编织正方形
立体花样正方形毯子

　　简单上下针组合的花样，带给宝宝满满的爱。这条毯子由钻石花样、正方形花样以及边缘的桂花针花样构成。制作方法简单，是初学者最完美的选择。

成品尺寸

98.5cm×91.5cm

线材

精纺纱线（4号中粗线）。

样品： 展示使用的线材是喀斯喀特纱线公司生产的太平洋线（40%的水洗美利奴羊毛，60%的丙烯酸；195m/100g）：29号翡翠绿，6绞。

用针

美制5号（3.75mm）：80cm长的环针。

为使织物达到标准密度，可以适当地调整用针。

其他工具

记号针、毛线缝针。

编织密度

编织立体花样的密度10cm²=21针×29行。

毯子的编织

起203针。

编织6行桂花针，正面行结束。

下一行（花样排列，反面）： 滑1针，（1针上针，1针下针）3次，下针编织到最后7针，（1针下针，1针上针）3次，1针下针。

下一行（正面）： 滑1针，（1针上针，1针下针）2次，2针上针，重复编织立体花样第一行的18针到最后16针位置，编织立体花样最后9针，2针上针，（1针下针，1针上针）2次，1针下针。

下一行： 滑1针，（1针上针，1针下针）3次，编织立体花样的最后9针，再重复编织立体花样第2行的18针到最后7针，（1针下针，1针上针）3次，1针下针。

保持花样的编织，直到织片尺寸89cm，在立体花样的第13行结束。

下一行（反面）： 滑1针，编织6针桂花针，然后下针直到最后7针，织6针桂花针，1针下针。

编织6行桂花针，反面行结束。

织上针平收全部的针。

收尾

编织完成，定型到成品尺寸。

针法说明

立体花样（18的倍数+9）

第1行（正面）： *（1针上针，1针下针）5次，8针下针；重复*之后的织法到最后9针，（1针上针，1针下针）4次，1针下针。

第2行： 全上针编织。

第3行： 重复第1行的织法。

第4行： 9针上针，*4针上针，1针下针，13针上针；重复*之后的织法到一行结束。

第5行： *（1针上针，1针下针）5次，2针下针，（1针上针，1针下针）2次，2针下针。重复*之后的织法到最后9针，（1针上针，1针下针）4次，1针上针。

第6行： 9针上针，*2针上针，（1针下针，1针上针）3次，10针上针；重复*之后的织法到一行结束。

第7行： *1针上针，1针下针；重复*之后的织法到一行结束。

第8行： 重复第6行的织法。

第9行： 重复第5行的织法。

第10行： 重复第4行的织法。

第11、13行： 重复第1行的织法。

第12行： 全上针编织。

第14、16行： 8针上针，*（1针下针，1针上针）5次，8针上针；重复*之后的织法到一行结束。

第15行： 全下针编织。

第17行： *4针下针，1针上针，13针下针；重复*之后的织法到最后9针，4针下针，1针上针，4针下针。

第18行： 3针上针，（1针下针，1针上针）2次，2针上针，*（1针下针，1针上针）5次，2针上针，（1针下针，1针上针）2次，2针上针；重复*之后的织法到一行结束。

第19行： *2针下针，（1针上针，1针下针）3次，10针下针；重复*之后的织法到最后9针，2针下针，（1针上针，1针下针）3次，1针下针。

第20行： *1针下针，1针上针；重复*之后的织法到一行结束。

第21行： 重复第19行的织法。

第22行： 重复第18行的织法。

第23行： 重复第17行的织法。

第24、26行： 重复第14行的织法。

第25行： 全下针编织。

重复第1~26行的花样。

桂花针（奇数针）

第1行（反面）： 滑1针，*1针上针，1针下针；重复*之后的织法到一行结束。

第2行： 滑1针，*1针上针，1针下针；重复*之后的织法到最后2针，2针下针。

重复第1、2行的织法。

设计师：琳恩·威尔逊

温暖小脚
滑针花样的拖鞋袜子

  这款舒适的袜子很快就能完成。单一配色的滑针编织，搭配折叠缝合到罗纹边袜口形成漂亮的款式。

成品尺寸

适合穿 7~9 码鞋子的女士，脚的周长大约是 18~23cm。

线材

粗纺纱线（5 号粗线）。

样品：展示使用的线材是喀斯喀特纱线公司生产的太平洋粗纱线（40% 的水洗美利奴羊毛，60% 的丙烯酸；110m/100g）：48 号黑色（A 色）1 绞、33 号仙人掌绿（B 色线）2 绞。

用针

美制 10 号（6mm）：直针和 4 根或者 5 根组的双头棒针。

为使织物达到标准密度，可以适当地调整用针。

其他工具

记号针、毛线缝针。

编织密度

编织全平针的密度 $10cm^2$=14 针 × 18 行。

拖鞋的编织（织 2 个）

袜口

用直针和 A 色线起 34 针。织一行上针，再编织袜口花样的第 1~20 行，然后再织第 1 行 1 次。剪断 B 色线。

袜子

把针均匀地分配到 3 根或者 4 根双头棒针上，面对织物反面，放入记号针开始环形编织，编织的时候要注意不要织拧了。（注意：袜口的反面是在编织位置的右侧，当向下翻转过来的时候，看见的实际是袜口的正面）

第 1 圈：只用 A 色线，右下 2 针并 1 针，下针编织到最后 2 针，下针 2 针并 1 针——32 针。

第 2~5 圈：下针编织。

第 6~10 圈：编织罗纹花样。最后一圈完成后，剪断 A 色线。

只用 B 色线，继续编织罗纹花样直到袜子弹性针的尺寸 28~30.5cm 或者比需要的尺寸短 2.5cm。（注意：脚窄的不用织得太长，脚宽的要略微织长一些）

脚趾的编织

第 1 圈：*2 针下针，上针 2 针并 1 针；重复*之后的织法到一圈结束——24 针。

第 2、3 圈：*2 针下针，1 针上针；重复*之后的织法到一圈结束。

第 4 圈：*右下 2 针并 1 针，1 针上针；重复*之后的织法到一圈结束。

第 5 圈：*1 针下针，1 针上针；重复*之后的织法到一圈结束。

第 6 圈：重复织右下 2 针并 1 针到一圈结束——8 针。

留 25.5cm 的线头，断线。把线穿入余下的针 2 次，然后拉紧线，收紧洞口，在反面固定。

收尾

用褥式缝合（见术语表）的方法缝合袜口。

编织完成。把袜口翻折下来，并定型到需要的尺寸。

针法说明

袜口针法

第 1 行（反面）：用 A 色线织上针。

第 2 行（正面）：用 B 色线，2 针下针，*线在织物后方滑 1 针，线在织物前方滑 1 针，线在织物后方滑 1 针，1 针下针；重复*之后的织法到一行结束。

第 3 行：用 B 色线，1 针上针，*线在织物后方滑 3 针，空加针，1 针上针；重复*之后的织法到最后 1 针，1 针上针。

第 4 行：用 A 色线，全下针编织，放开所有的空加针，让这针变长，松松地从正面把 B 线拉来。

第 5 行：用 A 色线织上针。

第 6 行：用 B 色线，2 针下针，*线在织物后方滑 1 针，把右棒针插入第 4 行松松地拉过来的线下方，然后和左手棒针上的拿针一起织下针，松松地把拉线抬起；线在织物后方滑 1 针，1 针下针；重复*之后的织法到一行结束。

第 7 行：用 B 色线，1 针上针，*线在织物前方滑 1 针，1 针上针，线在织物前方滑 1 针，1 针下针；重复*之后的织法到最后 1 针，1 针上针。

第 8 行：用 A 色线织下针。

第 9 行：用 A 色线织上针。

第 10 行：用 B 色线，2 针下针，*线在织物前方滑 1 针，1 针下针；重复*之后的织法到一行结束。

第 11~20 行：调换颜色重复第 1~10 行的织法。

罗纹花样

第 1 和接下来所有的圈：*2 针下针，2 针上针；重复*之后的织法到一圈结束。

双重用途
连指手套围巾

　　它是一条围巾，也是一双手套，它两者都是！当你编织这条结合了冬季里必不可少的两样物品时，你不用担心会遗失了什么。作为礼物给你的朋友编织一条吧！

设计师：嘉丽娜·卡罗尔

成品尺寸

围巾：155cm 长，14.5cm 宽。

手套：25.5cm 长，13.5cm 宽。

线材

精纺纱线（4 号中粗线）。

样品：展示使用的线材是喀斯喀特纱线公司生产的太平洋线（40% 的水洗美利奴羊毛，60% 的丙烯酸；195m/100g）：45 号康纳德葡萄紫（A 色）1 绞、53 号甜菜色（B 色）1 绞、51 号金银花的粉红色（C 色）1 绞。

用针

美制 7 号（4.5mm）直针和 80cm 长或者更长一些的环针。

为使织物达到标准密度，可以适当地调整用针。

其他工具

3.5mm 的钩针、毛线缝针。

编织密度

编织上下针的密度 10cm^2=16 针 ×34 行。

注意

围巾是运用嵌花的方法来改变颜色。每个色彩区域用独立的一团线编织。每行换色的时候，两个颜色要交叉一下，以避免出现小洞。

针法说明

上下针条纹花样（任意针数）

第1、2行： 用B色线织下针。

第3、4行： 用C色线织下针。

重复第1~4行的花样。

围巾的编织

用A色线和环针，起244针，起针行不计算在行数内。

第1、2行： 全下针编织。

第3、4行： 用B色线织60针下针，用C色线织124针下针，用B色线织60针下针。

第5、6行： 用A色线织70针下针，B色线织20针下针，C色线织64针下针，B色线织20针下针，A色线织70针下针。

第7~11行： 用B色线织42针下针，C色线织160针下针，B色线织42针下针。

第12行： 用A色线织93针下针，C色线织76针下针，A色线织75针下针。

第13行： 用A色线织75针下针，C色线织76针下针，A色线织93针下针。

第14行： 用B色线织102针下针，C色线织73针下针，B色线织69针下针。

第15行： 用B色线织69针下针，C色线织73针下针，B色线织102针下针。

第16行： 用A色线织36针下针，C色线织154针下针，A色线织54针下针。

第17行： 用A色线织54针下针，C色线织154针下针，A色线织36针下针。

第18行： 用A色线织114针下针，C色线织95针下针，A色线织35针下针。

第19行： 用A色线织35针下针，C色线织95针下针，A色线织114针下针。

第20、22、24行： 用B色线织92针下针，C色线织37针下针，B色线织115针下针。

第21、23行： 用B色线织115针下针，C色线织37针下针，B色线织92针下针。

第25、27行： 用A色线织79针下针，C色线织130针下针，A色线织35针下针。

第26、28行： 用A色线织35针下针，C色线织130针下针，A色线织79针下针。

第29、31、33行： 用B色线织78针下针，C色线织71针下针，B色线织95针下针。

第30、32、34行： 用B色线织95针下针，C色线织71针下针，B色线织78针下针。

第35行： 用A色线织106针下针，C色线织50针下针，A色线织88针下针。

第36行： 用A色线织88针下针，C色线织50针下针，A色线织106针下针。

第37、39、41行： 用B色线织25针下针，C色线织123针下针，B色线织96针下针。

第38、40行： 用B色线织96针下针，C色线织123针下针，B色线织25针下针。

第42行： 用A色线织186针下针，C色线织35针下针，A色线织23针下针。

第43行： 用A色线织23针下针，C色线织35针下针，A色线织186针下针。

第44行： 用B色线织114针下针，C色线织50针下针，B色线织80针下针。

第45行： 用B色线织80针下针，C色线织50针下针，B色线织114针下针。

第46~49行： 用A色线织下针。

下针平收全部的针。

手套的编织（织2个）

手掌部分

连着围巾的两端一起编织（左手和右手手套）或者编织4片独立的（2个左手，2个右手）。

用A色线和直针，沿着围巾窄的一端挑23针下针。

第1~9行： *1针下针，1针上针；重复*之后的织法到一行结束。

换B色线。

第1~18行： 编织上下针条纹花样。

大拇指部分

第1行加针行： 用边织边起针的方法起3针，新起的3针织下针，下针编织到一行结束——26针。

第2行加针行： 下针编织到最后1针位置，扭针加针，1针下针——加了1针。

第3行加针行： 同一针里织1针下针，1针扭针下针，下针编织到一行结束——加了1针。

重复第2、3行的织法1次，然后重复第2行的加针1针——31针。

第1行减针行： 6针下针，下针2针并1针，用第二团线，下针编织到一行结束——手掌23针，大拇指7针。

第2行减针行： 23针下针，下针2针并1针，5针下针——减了1针。

第3行减针行： 2针下针，（下针2针并1针）2次，23针下针——手掌23针，大拇指余下4针。

平收大拇指剩下的针。

不加不减编织剩下的23针26行，或者到手掌尺寸比需要的长度短1.3cm，结束在条纹花样完成的一行。

顶部减针

下一行（减针行）：（下针2针并1针）2次，下针编织到最后4针，（下针2针并1针）2次——减了4针。

重复最后1行的织法3次——剩下7针。

平收剩下的针。

手背部分

用A色线和直针，起23针。

第1~9行： *1针下针，1针上针；重复*之后的织法到一行结束。

换B色线。

第1~18行： 编织上下针条纹花样。

大拇指部分

第1行（加针行）： 23针下针，翻面，用边织边起针的方法起3针，翻面，下针边织到一行结束——26针。

第2行（加针行）： 同一针里织1针下针，1针上针，下针编织到一行结束——加了1针。

第3行（加针行）： 下针编织到最后1针，下针扭针加针，1针下针——加了1针。

重复第2、3行的织法1次，然后重复第2行的加针1针——31针。

第4行（减针行）： 23针下针，加入第二团线编织，下针2针并1针，下针织到一行结束——减了1针，手23针，大拇指7针。

第5行（减针行）： 5针下针，下针2针并1针，下针编织到一行结束——减了1针。

第6行（减针行）： 23针下针，（下针2针并

1针）2次，2针下针——手掌23针，大拇指余4针。

平收大拇指剩下的针。

不加不减编织剩下的23针26行，或者到手掌尺寸比需要的长度短1.3cm，结束在条纹花样完成的一行。

大拇指顶部减针

下一行（减针行）：（下针2针并1针）2次，下针编织到最后4针，（下针2针并1针）2次——减了4针。

重复最后一行的织法3次——余7针。

平收剩下的针。

收尾

编织结束，定型到成品尺寸。

把第二个半片的手套在第一个半片的上面，反面对反面（边缘用纯色固定，见照片）。用钩针和A色线，围着手套从罗纹边到开口位置钩一圈短针。

用A和C色线，为每个手套做2个大约直径5cm的绒球，2个A色线比C色线略多一点，另2个C色线比A色线多一点。

用A色线，做4条长度大约15cm的拧绳，绳子的一端系一个绒球。在每个手的手背位置，从两个边缘往中心数第3个下针，分别穿一根拧绳，从边缘往中心的方向穿拧绳。

系紧两根拧绳，在拧绳中心打反手结，拧绳两端是绒球。

设计师：特丽莎·查诺韦思

倾斜的旋风

蕾丝和阿富汗上下针花样

花样简单，只是看上去复杂。它很适合用来做阿富汗妇女的那种头巾或者作为婴儿的盖毯。通过上下针的加针、减针形成很自然倾斜的蕾丝和上下针花样，使成品看上去错落有致。

成品尺寸

长 106.5cm，宽 105.5cm

线材

精纺纱线（4 号中粗线）。

样品： 展示使用的线材是喀斯喀特纱线公司生产的太平洋线（40% 的水洗美利奴羊毛，60% 的丙烯酸；195m/100g）：61 号银灰色 6 绞。

用针

美制 10 号（6mm）：60cm 长的环针。

为使织物达到标准密度，可以适当地调整用针。

其他工具

记号针。

编织密度

编织主体花样的密度 $10cm^2$=15 针 × 26 行。

注意

通常针数很多的时候用环针编织；成品是来回编织的。

针法说明

主体花样（16 的倍数+2）

第1行（正面）： 2针下针，*8针下针，（空加针，下针2针并1针）4次；重复*之后的针法到最后10针，10针下针。

第2行： 10针下针，*8针上针，8针下针；重复*之后的织法到最后2针，2针下针。

第3~12行： 重复第1、2行的织法5次。

第13行： 2针下针，*（右下2针并1针，空加针）4次，8针下针；重复*之后的织法到最后10针，（右下2针并1针，空加针）4次，2针下针。

第14行： 2针下针，8针上针，*8针下针，8针上针；重复*之后的织法到最后2针，2针下针。

第15~24行： 重复第13、14行的织法5次。

重复1~24行的花样。

盖毯的编织

起156针，起针行不计算在行数内。来回片织。

花边 1 的编织

第1行（正面）： 全下针编织。

第2、4行： 全下针编织。

第3行： 3针下针，（空加针，下针2针并1针）重复到最后一针，1针下针。

第5行： 1针下针，（下针2针并1针，空加针）重复到最后3针，3针下针。

第6行： 全下针编织。

主体编织

按照如下方法编织主体花样：2针下针，放入记号针，*8针下针，（空加针，下针2针并1针）4次，放入记号针；重复*之后的织法到最后10针，8针下针，放入记号针，2针下针。

每次编织到记号针位置记得滑过记号针，不加不减编织主要花样到织物尺寸大概105cm，在花样第11行或者第23行结束。

花边 2 的编织

第1、3行（反面）： 全下针编织。

第2行： 1针下针，（下针2针并1针，空加针）重复到最后3针，3针下针。

第4行： 3针下针，（空加针，下针2针并1针）重复到最后一针，1针下针。

第5、6行： 全下针编织。

织下针平收全部的针。

收尾

编织结束，定型到成品尺寸。因为毯子的主要花样会自然的发生倾斜，定型时先要固定好几个点，同时在毯子几个边缘再多固定几个点来定型。

你是我的阳光
心形麻花花样的宝宝开衫

麻花、全平针和蕾丝花样搭配出这件讨人喜欢的宝宝开衫。缀上钩针钩出的扣环，新颖的扣子，都带给你一缕阳光般的快乐和舒适。

设计师：罗宾·梅兰森

成品尺寸

胸围 51.5（54.5，58，61）cm。适合 6（12，18，24）个月的宝宝。展示的尺寸是 18 个月宝宝的。

线材

精纺纱线（4 号中粗线）。

样品：展示使用的线材是喀斯喀特纱线公司生产的太平洋线（40% 的水洗美利奴羊毛，60% 的丙烯酸；195m/100g）：12 号黄色 2(2，2，3)绞。

用针

美制 7 号（4.5mm）棒针。

为使织物达到标准密度，可以适当地调整用针。

其他工具

麻花针、记号针、毛线缝针、G/6 号（4mm）钩针、直径 16mm 的扣子 3 粒。

编织密度

编织全平针的密度 $10cm^2$=21 针 × 26 行。

编织麻花和平针条纹组合花样的密度 $10cm^2$=25 针 × 27 行。

编织下半部花样的密度 $10cm^2$=20 针 × 29 行。

针法说明

2/2 RC（2针和2针的右交叉针）：滑2针到麻花针上，放在织物的后面，先织左手棒针上的2针下针，再织麻花针上的2针下针。

上下针（片织）

所有行：全下针编织。

后片的编织

起64（68，72，76）针。

花样排列行（反面）： 2（4，6，8）针上针，*2针下针，4针上针，2针下针，5针上针；重复*之后的织法到最后10（12，14，16）针，2针下针，4针上针，2针下针，2（4，6，8）针上针。

第1行（正面）： 2（4，1，3）针下针，[1针下针，空加针]0（0，4，4）次，0（0，1，1）针下针，*2针上针，2针和2针的右交叉针，2针上针，[1针下针，空加针]4次，1针下针；重复*之后的织法到最后10（12，14，16）针，2针上针，2针和2针的右交叉针，2针上针，[1针下针，空加针]0（0，4，4）次，0（0，1，1）针下针，2（4，1，3）针下针——80（84，96，100）针。

第2行（反面）： 2（4，1，3）针上针，[1针上针，1针下针]0（0，4，4）次，0（0，1，1）针上针，*2针下针，4针上针，2针下针，[1针上针，1针下针]4次，1针上针；重复*之后的织法到最后10（12，18，20）针，2针下针，4针上针，2针下针，[1针上针，1针下针]0（0，4，4）次，0（0，1，1）针上针，2（4，1，3）针上针。

第3行： 2（4，1，3）针下针，[1针下针，1针上针，右下2针并1针，1针下针，下针2针并1针，1针上针，1针下针]0（0，1，1）

次，*2针上针，4针下针，2针上针，1针下针，1针上针，右下2针并1针，1针下针，下针2针并1针，1针上针，1针下针；重复*之后的织法到最后10（12，18，20）针，2针上针，4针下针，2针上针，[1针下针，1针上针，右下2针并1针，1针下针，下针2针并1针，1针上针，1针下针]0（0，1，1）次，2（4，1，3）针下针——72（76，84，88）针。

第4行： 2（4，1，3）针上针，[1针上针，1针下针，上针下针3针并1针，1针下针，1针上针]0（0，1，1）次，*2针下针，4针上针，2针下针，1针上针，1针下针，上针下针3针并1针，1针下针，1针上针；重复*之后的织法到最后10（12，16，18）针，2针下针，4针上针，2针下针，[1针上针，1针下针，上针下针3针并1针，1针下针，1针上针]0（0，1，1）次，2（4，1，3）针上针——64（68，72，76）针。

重复第1~4行的织法直到尺寸大概12.5（14.5，16，17）cm，在花样第4行结束。

第5行（正面）： 2（4，6，8）针上针，*2针上针，2针和2针的右交叉针，7针上针；重复*之后的织法到最后10（12，14，16）针，2针上针，2针和2针的右交叉针，4（6，8，10）针上针。

第6、8行（反面）： 2（4，6，8）针上针，*2针下针，4针上针，2针下针，5针上针；重复*之后的织法到最后10（12，14，16）针，2针下针，4针上针，2针下针，2（4，6，8）针上针。

第7行： 2（4，6，8）针下针，*2针上针，4针下针，2针上针，5针下针；重复*之后的织法到最后10（12，14，16）针，2针上针，4针下针，2针上针，2（4，6，8）针下针。

第9行： 2（4，6，8）针下针，*2针上针，2针和2针的右交叉针，2针上针，5针下针；重复*之后的织法到最后10（12，14，16）

针，2针上针，2针和2针的右交叉针，2针上针，2（4，6，8）针下针。

重复第6~9行的织法知道织片尺寸24（26.5，29，32）cm，反面行结束。

肩部的减针

平收接下来2行开始的10（11，11，12）针，然后再平收接下来2行开始的9（10，11，11）针——余26（26，28，30）针。平收剩下的针。

左前片的编织

起33（35，37，39）针。

花样排列行（反面）： 线在织物前方滑1针，1针上针，线在织物前方滑1针，[2针下针，5针上针，2针下针，4针上针]2次，2针下针，2（4，6，8）针上针。

第1行（正面）： 2（4，1，3）针下针，[1针下针，空加针]0（0，4，4）次，0（0，1，1）针下针，*2针上针，2针和2针的右交叉针，2针上针，[1针下针，空加针]4次，1针下针；重复*之后的织法一次，2针上针，1针下针，线在织物后方滑1针，1针下针——41（43，49，51）针。

第2行（反面）： 线在织物前方滑1针，1针上针，线在织物前方滑1针，*2针下针，[1针上针，1针下针]4次，1针上针，2针下针，4针上针；重复*之后的织法一次，2针下针，[1针上针，1针下针]0（0，4，4）次，0（0，1，1）针上针，2（4，1，3）针上针。

第3行： 2（4，1，3）针下针，[1针下针，1针上针，右下2针并1针，1针下针，下针2针并1针，1针上针，1针下针]0（0，1，1）次，*2针上针，4针下针，2针上针，1针下针，1针上针，右下2针并1针，1针下针，下针2针并1针，1针上针，1针下针；重复*之后的织法一次，2针上针，1针下针，线在织物后方滑1针，1针下针——37（39，43，45）针。

第4行：线在织物前方滑1针，1针上针，线在织物前方滑1针，*2针下针，1针上针，1针下针，上针下针3针并1针，1针下针，1针上针，2针下针，4针上针；重复*之后的织法一次，2针下针，[1针上针，1针下针，上针下针3针并1针，1针下针，1针上针]0（0，1，1）次，2（4，1，3）针上针——33（35，37，39）针。

重复第1～4行的织法直到尺寸大概12.5（14.5，16，17）cm，在花样第4行结束。

第5行（正面）：2（4，6，8）针上针，*2针上针，2针和2针的右交叉针，7针上针；重复*之后的织法一次，2针上针，1针下针，线在织物后方滑1针，1针下针。

第6、8行（反面）：线在织物前方滑1针，1针上针，线在织物前方滑1针，*2针下针，5针上针，2针下针，4针上针；重复*之后的织法一次，2针下针，2（4，6，8）针上针。

第7行：2（4，6，8）针下针，*2针上针，4针下针，2针上针，5针下针；重复*之后的织法一次，2针上针，1针下针，线在织物后方滑1针，1针下针。

第9行：2（4，6，8）针下针，*2针上针，2针和2针的右交叉针，2针上针，5针下针；重复*之后的织法一次，2针上针，1针下针，线在织物后方滑1针，1针下针。

重复第6～9行的织法直到织片尺寸21（22，25，26.5）cm，正面行结束。

前片领部的减针

平收反面行开始的7针1次，再3（3，4，5）针1次，2针1次，最后1针2次——剩下19（21，22，23）针。

不加不减到织物尺寸24（26.5，29，32）cm，反面行结束。

肩部的减针

平收正面行10（11，11，12）针1次，再平收9（10，11，11）针1次。

右前片的编织

起33（35，37，39）针。

花样排列行（反面）：2（4，6，8）针上针，[2针下针，4针上针，2针下针，5针上针]2次，2针下针，线在织物前方滑1针，1针上针，线在织物前方滑1针。

第1行（正面）：1针下针，线在织物后方滑1针，1针下针，2针上针，*[1针下针，空加针]4次，1针下针，2针上针，2针和2针的右交叉针，2针上针；重复*之后的织法一次，[1针下针，空加针]0（0，4，4）次，0（0，1，1）针下针，2（4，1，3）针下针——41（43，49，51）针。

第2行（反面）：2（4，1，3）针上针，[1针上针，1针下针]0（0，4，4）次，0（0，1，1）针上针，*2针下针，4针上针，2针下针，[1针上针，1针下针]4次，1针上针；重复*之后的织法一次，2针下针，线在织物前方滑1针，1针上针，线在织物前方滑1针。

第3行：1针下针，线在织物后方滑1针，1针下针，2针上针，*1针下针，1针上针，右下2针并1针，1针下针，下针2针并1针，1针上针，1针下针，2针上针，4针下针，2针上针；重复*之后的织法一次，[1针下针，1针上针，右下2针并1针，1针下针，下针2针并1针，1针上针，1针下针]0（0，1，1）次，2（4，1，3）针下针——37（39，43，45）针。

第4行：2（4，1，3）针上针，[1针上针，

1针下针，上针下针3针并1针，1针下针，1针上针]0（0，1，1）次，*2针下针，4针上针，2针下针，1针上针，1针下针，上针下针3针并1针，1针下针，1针上针；重复*之后的织法一次，2针下针，线在织物前方滑1针，1针上针，线在织物前方滑1针——35（37，39）针。

重复第1～4行的织法直到尺寸大概12.5（14.5，16，17）cm，在花样第4行结束。

第5行（正面）：1针下针，线在织物后方滑1针，1针下针，2针上针，*7针上针，2针和2针的右交叉针，2针上针；重复*之后的织法一次，2（4，6，8）针上针。

第6、8行（反面）：2（4，6，8）针上针，*2针下针，4针上针，2针下针，5针上针；重复*之后的织法一次，2针下针，线在织物前方滑1针，1针上针，线在织物前方滑1针。

第7行：1针下针，线在织物后方滑1针，1针下针，2针上针，*5针下针，2针上针，4针下针，2针上针；重复*之后的织法一次，2（4，6，8）针下针。

第9行：1针下针，线在织物后方滑1针，1针下针，2针上针，*5针下针，2针上针，2针和2针的右交叉针，2针上针；重复*之后的织法一次，2（4，6，8）针下针。

重复第6～9行的织法知道织片尺寸21（22，25，26.5）cm，反面行结束。

前片领部的减针

平收正面行开始的7针1次，3（3，4，5）针1次，2针1次，然后1针2次——剩下19（21，22，23）针。

不加不减到织物尺寸24（26.5，29，32）cm，正面行结束。

肩部的减针

平收反面行10（11，11，12）针1次，再平收9（10，11，11）针1次。

袖子的编织（织2个）

起26（26，28，30）针，织5行上下针（每行都织下针）。

下一行（加针行，正面）： 5（3，4，5）针下针，*下针扭针加针，5（4，4，4）针下针；重复*之后的织法2（4，4，4）次，下针扭针加针，下针编织到一行结束——30（32，34，36）针。

花样排列行（反面）： 11（12，13，14）针上针，放记号针，2针下针，4针上针，2针下针，放记号针，上针编织到一行结束。

第1行（正面）： 下针编织到记号针位置，滑记号针，2针上针，2针和2针的右交叉针，2针上针，滑记号针，下针编织到一行结束。

第2、4行（反面）： 上针编织到记号针位置，滑记号针，2针下针，4针上针，2针下针，滑记号针，上针编织到一行结束。

第3行： 下针编织到记号针位置，滑记号针，2针上针，4针下针，2针上针，滑记号针，下针编织到一行结束。

第5行（加针行，正面）： 2针下针，下针右扭针加针，下针编织到记号针位置，滑记号针，2针上针，2针和2针的右交叉针，2针上针，滑记号针，下针编织到最后2针，下针左扭针加针，2针下针——加了2针。

收尾

编织结束，定型到成品尺寸。

缝合肩部：在前片和后片边缘，肩部往下

11.5（12，13.5，14.5）cm位置放入记号针。缝合2个袖子到记号针之间的位置。缝合侧边和袖子。

领的编织

面对织物正面，从右前片领部边缘位置开始，沿着右前领挑17（17，18，19）针，沿着后领位置挑26（26，28，30）针，再沿着左前领挑17（17，18，19）针——一共60（60，64，68）针。织5行下针，然后织下针平收所有的针。

左前片3粒扣子的位置如下： 1粒在领部花边下方，1粒刚好在变花样的位置，另1粒在这2粒扣子之间。

在右前片对应位置做扣环的方法如下：用钩针在前片相应位置钩出线，钩6针辫子，然后折回到最开始钩线的位置，形成一个环，断线，在反面固定好线头。

缝扣子到左前片对应扣环的位置上。

重复地2~5行的织法7（7，8，10）次——46（48，52，58）针。

不加不减编织到织片尺寸16.5（18，21，26.5）cm。

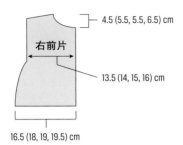

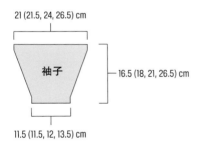

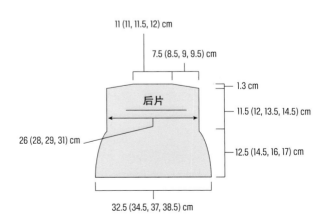

术语表

收边的方法

平收针

第1针织下针，*下1针也织下针（2针都在右手棒针上），把左棒针插入右棒针第1针针目内（见图1），挑起这针套过第2针（见图2），留着右棒针的针目不动（见图3）。重复*之后的方法到收掉需要的针数。

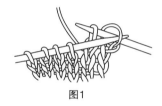

图1

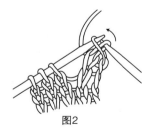

图2

图3

3根针的平收

把需要连接的针目放在2根独立的棒针上，把2根针平行放置，织片正面对着正面。插入第3根棒针到2根棒针的第一针针目里（见图1），一起织1针下针（见图2），*以同样的方式编织两根棒针的下1针，然后用左棒针挑起第1针套过第2针（见图3）。重复*之后的方法，直到2根针上的针目全部收完。剪断毛线，把线头穿过最后一针固定。

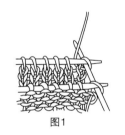

图1

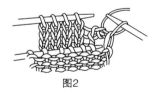

图2

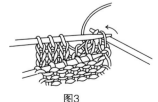

图3

起针的方法

反向绕线起针

*反向绕针起1个环放置到棒针上。重复*之后的方法。

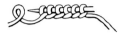

麻花起针

如果棒针上没有针，要先做一个环结到左棒针上，然后用织下针的方法从针目里织1针下针套到棒针上——此时棒针上有2针。当左棒针上至少有2针的时候，拿针和线直接操作。*右棒针插入到左棒针第1、2针之间的位置（见图1），类似织下针的方法挂线，拉出针目（见图2），把新产生的这针挂到左棒针上（见图3）。重复*之后的做法到你需要的针目为止，每次都是从2针之间的位置入针再挂针到左棒针上。

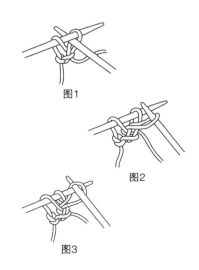

图1

图2

图3

针织起针

如果棒针上没有针，要先做一个环结到左棒针上，当左棒针上至少有1针的时候，直接操作。*用右棒针插入到左棒针第1针的针目（或者环结）里织1针下针（**见图1**），把新产生的这针挂到左棒针上（**见图2**）。重复*之后的方法到你需要的针目为止，每次都是从最后1针的针目里入针再挂针到左棒针上。

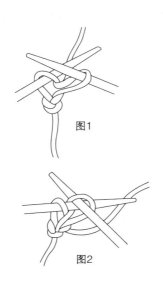

图1

图2

长尾起针

留一条长长的线（每针需要的长度大概1.3cm），做一个环结放到右棒针上。把左手大拇指和食指放在2根线之间，然后分别用你的大拇指和食指绕上线，并用其他的手指夹住线的末端。握住你的手掌向上，呈"V"字形（**见图1**），*把针先穿过大拇指的线圈（**见图2**），勾住食指上的第一股线，从后面向下带线穿过大拇指的线圈（**见图3**）。放掉大拇指的线，放大拇指在后方呈一个V字形，拉紧这针（**见图4**）。重复*之后的方法到棒针上有你需要的针目为止。

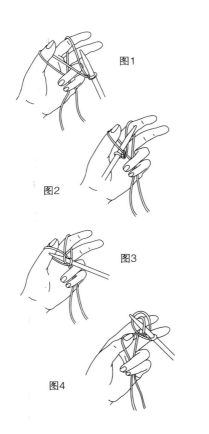

图1

图2

图3

图4

意式双色线起针

用2个颜色线，分别做成环结套到棒针上。夹住环结的尾巴，左手食指夹住深色线，大拇指夹住亮色线，类似长尾起针那样（**见图1**）。

第一步： 先起深色线，把棒针翻倒到亮色线的顶部，从亮色线的下方到深色线的顶部，然后在从亮色线的下方返回到返回到前方（**见图2**）。

第二步： 起亮色线的针，棒针穿过2根线的下方到亮色线的顶部，然后从后面的下方带出深色线（**见图3**）。

重复第1、2步（**见图4**）的方法，直到有你需要的针数，结束针为下针。前面打的环结在第一行要编织。

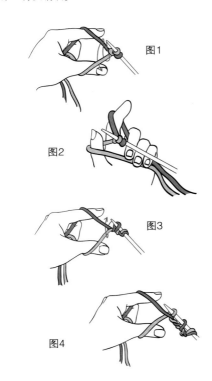

图1

图2

图3

图4

钩针

短针

*在辫子的第二针（或者接下来的1针）插入钩针，绕线并钩出1针（**见图1**），再挂线从2个针目里钩出1针（**见图2**）。重复*之后的方法到你需要的针数为止。

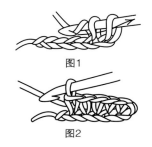

图1

图2

减针的方法

下针2针并1针

2针一起织下针变成1针。

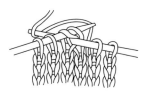

下针3针并1针

3针一起织下针变成1针。

上针2针并1针

2针一起织上针变成1针。

上针下针3针并1针

3针一起织上针变成1针。

右下2针并1针

织下针的入针方式，滑2针（见图1）到右棒针，左棒针从前面插到滑的这2针里，用右棒针把这2针一起织1针下针（见图2）。

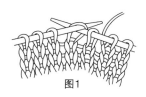

图1

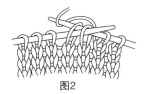

图2

右下3针并1针

织下针的入针方式，滑3针到右棒针，左棒针从前面插到滑的这3针里，用右棒针把这3针一起织1针下针。

上针右下2针并1针

线放在织物的前方，分别用织下针的入针方式滑2针（见图1），然后滑回左棒针（它们在棒针上是拧着的）然后从这2针后面一针入针，一起织上针（见图2）。

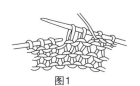

图1

图2

刺绣

卷针绣

在一针的针目中心位置，从背面往前拉出针。围着缝针拉一条长的线环，从最初那一针的中心位置从后方穿过。用线环围着缝针绕你需要的圈数，然后把缝针嵌入最初入针的位置，拉紧。

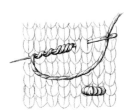

锁链绣

在一针的针目中心位置，从背面往前拉出针。绕一个短的线环带到缝针的后面，保持线环在针的下方，从下一针中心后面往右拉出缝针。

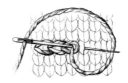

双面绣

用缝针在编织的V字形针目基础上从背面带线，在针目上部表面之下入针，拉出。再在V字形针目基础上，针目下部表面之下入针，从后编织的一侧拉出。

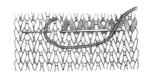

包边

需要双头棒针来完成。起需要的针数（通常是3针或者4针），都下针编织。然后*不要翻面，直接滑这几针返回到棒针的另一端，从后侧把线拉过来，和之前一样编织下针。重复*之后的织法到需要的长度。

加针的方法

同一行的加针

下针方向加针

织1针下针，织完后不要脱掉左棒针上的那针（见图1），然后从同一针针目的后方入针织1针下针（见图2），再滑掉棒针上原来的针（见图3）。

上针方向的加针

和下针封闭式加针方法差不多，但是在同一针针目里织上针。

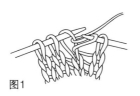

图1

图2

图3

挑线编织的加针（M1）

注意：如果没有指定倾斜的方向，通常都是向左倾斜编织。

左倾斜加针

用左棒针针尖，在最后编织的1针和将要编织的下一针之间，从前往后挑起一根线（**见图1**），然后穿过这根线的后侧入针织下针（**见图2**）。

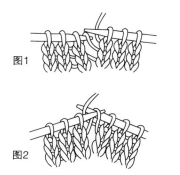

图1

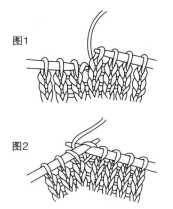

图2

右倾斜加针

用左棒针针尖，在2针之间从后往前挑起一根线（见图1），然后穿过这根线的前方入针织下针（见图2）。

图1

图2

上针方向的挑线加针

用左棒针针尖，在2针之间从前往后挑起一根线（见图1），然后穿过这根线的后方入针织上针（**见图2**）。

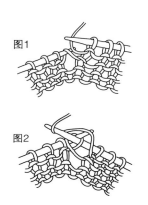

图1

图2

魔术环技巧

用80cm或者100cm的环针，起需要的针数。滑到起针的中心位置，折叠一半的针到正中间，然后从之间抽出环针的连接绳。这样就把起针数的一半分别放在了环针的2个针尖部分（**图1**）。平行拿住针尖，回针从右手边缘开始编织。*拉出后面一根针的针尖，大约15cm的连接绳，用这根针在前方织下针（**图2**）。织完这些针以后，拉出针使得2组针在各自的针尖端，保持这样的环形编织，重复*之后的方法到织完一圈。

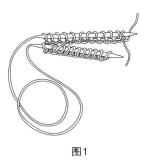

图1

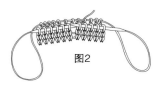

图2

缝合的方法

无缝缝合

安排2根棒针，并保证2根上针的针数一样。平行握住2根棒针在彼此的方面一起进行。按照每针大概需要1.3cm的长度把线穿入毛线缝针。按如下方法从右到左进行：

第一步：把毛线缝针按照织上针的方向入针，穿过前面棒针的第一针，这一针留在棒针上（见图1）。

第二步：把毛线缝针按照织下针的方向入针，穿过后面棒针的第一针，这一针留在棒针上（见图2）。

第三步：把毛线缝针按照织下针的方向入针，穿过前面棒针的第一针后滑掉这针，然后再把毛线缝针按照织上针的方向入针，穿过前面棒针的下一针，这一针留在棒针上（见图3）。

第四步：把毛线缝针按照织上针的方向入针，穿过后面棒针的第一针后滑掉这针，然后再把毛线缝针按照织下针的方向入针，穿过前后面棒针的下一针，这一针留在棒针上（见图1）。这一针仍旧留在棒针上（见图4）。

重复第三、第四步的方法，直到每根针上只剩1针，调整松紧度以便之后的编织。收尾时，把毛线缝针按照织下针的方向入针，穿过前面棒针的针目，然后滑掉这针，再把毛线缝针按照织上针的方向入针，穿过后面棒针的针目，并滑掉这针。

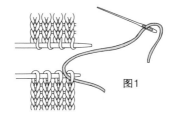

图1

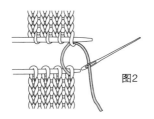

图2

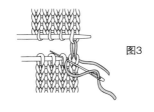

图3

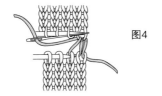

图4

平针正面的纵向缝合

把要缝合的织片放在桌子上，面对织物的正面，按如下方法从底部边缘往上缝合：

全平针一针的缝合方法

在一个织片下方2个边缘针之间穿过毛线缝针，然后再从另一个织片线头上面1行的下方穿过毛线缝针（见图1），*接着再穿过第一个织片接下来2行的线（见图2），然后再穿过另一个织片下2行的线（见图3）*。重复*之后的方法，到最后一行缝合完毕或者是第一个织片对应的位置。

图1

图2

图3

全平针半针的缝合方法

用以减少缝合的体积，类似全平针一针的缝合方法，但是行之间穿过毛线缝针的位置，是在最后2针之间，针目的中间穿过。

引返编

下针的一边

编织到节点位置，用织上针的入针方式滑1针（见**图1**），把线绕到织物前面，再滑这针返回到左棒针（见**图2**），翻面，带线到下一针位置继续编织——等于裹住了一针，带线到正确的位置以进行下一针的编织。当编织到随后一行被裹住的那针位置时，要隐藏裹住被裹一针的线，按照下面的方法一起编织：用右棒针从裹住针目那针的下方插入棒针（如果裹住针目的那针是下针就从前面入针，如果是上针就走后面入针，**见图3**），然后把裹住针目的那针和被裹住的那针看成是一个整体一起编织。

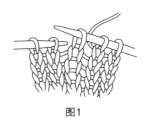

图1

图2

图3

上针的一边

编织到节点位置，用右棒针类似织上针的入针方式滑1针，把线绕到织物后面（见**图1**），再滑这针返回到左棒针，带线到针与针之间的前方（见**图2**），翻面，带线到下一针位置继续编织——等于裹住了一针，带线到正确的位置以进行下一针的编织。在随后的上针行，要藏好裹住被裹一针的线和被裹的一针一起编织。用右棒针针尖从后方挑起裹住针目的线到左棒针上（见**图3**），然后和被裹住的那针看成是一个整体一起编织。

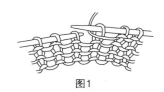

图1

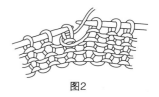

图2

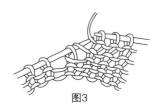

图3